JN025535

エンジン工学

内燃機関の基礎と応用

村山　正・常本秀幸・小川英之 著

Engineering of
Internal Combustion Engine

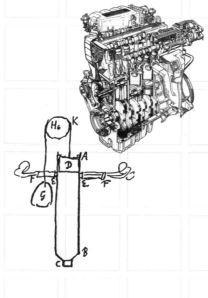

TDU 東京電機大学出版局

刊行にあたって

　本屋さんに行くと必ず足を運ぶところがある。自動車関連の書棚のあるところで内燃機関，エンジンなどと背表紙に記載のあるところで足が止まる。新しい教科書や改訂版が出ていないか確認している。こんなことを 20 年前にもやっていた。当時，内燃機関の理論と応用技術に関し，最新データをもとに構成されている教科書が見当たらなかった。北海道大学の村山正教授（常本の恩師）も同じ思いだったそうだ。村山教授から学生にもわかりやすく，かつ自動車関係技術者にも読んでもらえる今までにないエンジン教本を出版しないかとの提案があった。村山教授はプリンス自動車（1966 年に日産自動車と合併）で，常本はいすゞ自動車で，お互いエンジン開発の現場を 10 年程度経験しており，相通ずるものがあったのだと思っている。

　村山教授は，すでに原稿素案を作られており，それをもとに最新情報を追加するなどして出版社に打診した。当時，エンジンの専門書を扱っていた（株）山海堂の八木国夫氏が協力してくれることになり，校正を重ねながら 1997 年 3 月に初版が刊行できた。幸い，多くの大学で採用いただき，数回増刷することができた。しかし，専門書を扱う出版業界は経営が厳しく，2007 年に（株）山海堂は解散することになり，本書の継続が難しくなった。

　そんな折，東京電機大学出版局が本書の継続を申し出てくれた。同時に 10 年を経過するので改訂したい旨申し出て了解をいただいた。このときの改訂では，東京電機大学出版局の石沢岳彦氏にお世話になった。細部にわたる校正や図面の書換えなどの支援をいただき，見やすい著書になったと思っている。この第 2 版は 2009 年 4 月に出版され現在に至っている。実は，村山教授はこのころ体調を崩されており，第 2 版の原稿素案に対して助言，修正等をいただくことができた

が，これが最後となった。

　第2版も増刷を重ねながら10年を迎えた。この間，エンジンは進化を続けており，加筆修正が必要になってきた。初版以来，著者の強い思いである，「日本で一番のエンジン教本の発刊」，このためには最新情報に基づく改訂が必要な時期である。そこで，著者に最新情報に精通した北海道大学の小川英之教授に加わっていただいた。また，これまで表題を「自動車エンジン工学」としていたが，自動車に限定せず，「エンジン工学—内燃機関の基礎と応用—」とし，東京電機大学出版局のご理解を得て本書の発刊となった。

　現在，自動車の動力源が電動化する中で，内燃機関に対する関心が薄れてきており，大学での授業枠も減少しているのが現実である。しかし，内燃機関はエンジニアリングの基本となる技術が集積された精密機械であり，機械工学教育になくてはならない科目であるとの強い思いがある。若い人たちに読んでもらうにはどうすればよいか，魅力ある著書にしなければならない。

　このような著者の思いを今回担当いただいた東京電機大学出版局吉田拓歩氏，早乙女郁絵氏にも共有していただき，実に丁寧で正確な校正と原図の修正をいただいた。うれしいことにネットを経由して燃焼写真などの動画が見られるようになった。まさに魅力的な本が刊行できることになり，お二人には心より感謝している。

　先にも述べたように，今回から小川先生にも著者に加わっていただいた。小川先生は村山研究室の後継者として活躍している方であり，以下に，小川先生にも本書への思いを綴ってもらった。

　私が内燃機関と本格的に接するようになったのは，今から40年近く前に大学3年生で恩師である村山先生の講義を受けたことに始まる。先生の明快な講義を拝聴するうちにその魅力と面白さにすっかり取りつかれてしまい，4年生となって卒業論文の研究室を希望する際には迷うことなく村山先生の研究室を選び，以後研究対象として内燃機関と付き合うことになる。そして，立場が変わり現在は「自動車エンジン工学」を教科書として内燃機関の講義を学部生に行っている。内燃機関は140年前のオットーの4サイクルエンジンの発明から，その原理・原則は変わっていないが，それを構成する各要素技術は日進月歩であり，その進歩

の速度は非常に速い。その中で改定前の「自動車エンジン工学」は数ある日本の内燃機関の教科書の中でも新しい情報を積極的に取り入れており，アップデートな内容を学生に伝えるのに大変有用であった。しかし，この10年でも技術の進歩は目覚ましく，最近では教科書にない内容を説明する必要が多くなってきていた。そうした中で，常本先生から本書の改訂に加わってもらいたい旨のお申し出をいただいた。大変光栄なことであり，その重要性も手伝ってすぐにお受けさせていただいた。多少なりとも村山先生への恩返しができたのではないかと思う次第である。

　なお，本書の発刊に当たっては，企業，大学，研究機関等から多くの資料の提供をいただいた。また，日本機械学会や自動車技術会には図面等の転載についてご配慮をいただいており，改めて謝意を表したい。これらの資料については，章末に付記したが，遺漏などあればお知らせいただきたい。何度も校正をして万全を期したつもりではあるが，誤りなどについてもご指摘いただければ幸いである。

2020年8月

村山　　正

常本　秀幸

小川　英之

本書の構成

　本書はエンジンを初めて学ぶ人から，研究・開発に挑戦したいと思っている人に向け，工学の基礎理論とそれを応用した最新のエンジン技術について解説している。また，企業等から燃焼動画等を提供いただいており，興味を持って学習に取り組んでもらえるよう構成されている。

　第 1，2 章は初めてエンジンを学ぶ人のための導入編である。内燃機関の発達史とエンジンの基本構成や専門用語を紹介している。

　第 3，4 章は理論解説編である。ここでは熱効率の基礎となるサイクル論とともに，熱効率を改善するためのヒートバランスなどについて解説している。燃焼理論では予混合燃焼と拡散燃焼について動画を交えて学ぶことができる。

　第 5～8 章は応用編である。ガソリンエンジン，ディーゼルエンジンの混合気形成と燃焼技術のこれまでの成果と今後の展望を詳述している。いずれのエンジンでも動画を閲覧でき，特にディーゼルエンジンの動画は，高圧燃料噴射方式開発当初に撮影されたものであり興味深い。エンジンの最大の課題は燃焼にともない発生する排気エミッションであり，第 7 章は大気汚染物質，第 8 章では地球温暖化の原因である CO_2 について，これまでの取り組みと今後の課題に関し，多くの資料をもとに解説している。

　第 9～11 章は周辺技術編になる。エンジンの信頼性，性能，耐久性あるいは熱効率などの改善に向けた最新技術を紹介している。第 9 章では，出力向上のための吸排気系を流体工学の基礎理論から解説している。第 10 章では熱効率向上のためのヒートマネジメントや潤滑問題に触れている。第 11 章では，エンジンの品質にかかわる振動や騒音について機械力学の理論から学ぶことができる。

目　次

動画について

動画は下記のホームページで確認できます。

https://web.tdupress.jp/engine/

第1章
熱機関の誕生と発達史

　人類が火を使うようになったのは，数十万年前であると言われている。火によって生活環境が大きく変わったが，そのエネルギーから動力を得るようになるまでには，その後相当な年月が必要であった。

　火力のような熱エネルギーから連続的に動力を得るエンジンのことを熱機関と言い，作動ガスに燃焼ガスを用いるか否かによって内燃機関と外燃機関に分類される。燃焼ガスそのものを作動ガスとして動力を得るものを内燃機関と言い，燃焼ガス以外の気体を作動ガスとして動力を得るものを外燃機関と呼んでいる。

　最初に出現した熱機関は蒸気機関に代表される外燃機関であった。内燃機関は外燃機関に遅れること100年，軽量・高出力・高効率で取り扱いが容易であるといったメリットから，自動車を中心とした動力源として発展を遂げ今日に至っている。

　技術の進歩は先人の知恵と勇気と努力に支えられており，過去を振り返ることは新しい技術を生み出す一歩にもなる。まさに「温故知新」，そして「温故創新」でもある。

1.1　ヘロンからワットに至る蒸気機関の歩み

　古代ギリシャ人で数学者だったヘロンは，さまざまなものを発明しているが，紀元前一世紀頃，蒸気を使って物体を動かすことに成功している。図1.1はその模型図であるが，釜で水を沸騰させ，その蒸気の噴射力を利用して物体を連続的に回転させており，一種の反動タービンを用いた外燃機関と言える。

　ヘロン以来，蒸気を使った動力源の実用化を考えた人は何人もいたが，実現し

たのはニューコメン（1712年，英）である。図1.2はニューコメンエンジンの構造を模式的に示している。エンジンの作動は次のようになっている。まず，下部からシリンダーに蒸気を入れ，ピストンが最上部まで持ち上がった段階で蒸気を止め，次に，シリンダー内に水を噴射する。これによって蒸気が凝縮するため負圧が発生してピストンが下降する。この動きをビームを介して炭鉱などの水汲みポンプに利用したようだ。ただし，このエンジンでは，負圧を利用していること，またシリンダー等の熱容量が大きいこと

図1.1　ヘロンの蒸気タービン[1]

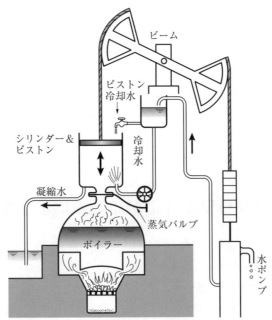

図1.2　ニューコメンの蒸気機関の模式図（1712年頃）[2]

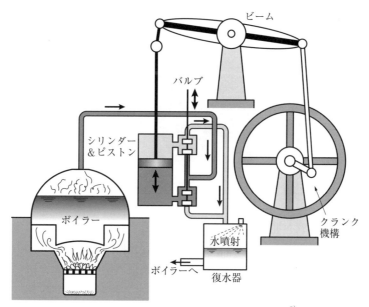

図 1.3 ワットの蒸気機関の模式図（1780 年頃）[3]

から熱損失が大きく，熱効率は 0.5 % 程度と低いものであった。

　この蒸気機関の効率を大幅に改善したのがワット（英）であり，1769 年に特許を取得した。ワットの蒸気機関における最大の特徴は，シリンダーとは別に蒸気の凝縮を効率良く行う復水器が取り付けられた点である（図 1.3）。シリンダーを高温に保つとともにバルブの開閉が自動化され，熱効率が 2 % 程度まで改善されている。図は初期のものを改良した 1780 年頃の模式図であるが，シリンダーの上下から蒸気を入れるように改良し，図のようなクランク機構を使って回転動力を得ている。この蒸気機関の出現によって石炭の増産が可能となり，蒸気機関は産業革命の原動力となった。

1.2　ワット以降の外燃機関

　ニューコメンやワットの蒸気機関は定置型で大掛かりな装置であったが，これを小型化し砲車を走らせる試みが 1770 年頃，キュニョ（仏）によって行われて

©Roby.

図 1.4 キュニョの蒸気自動車（1770 年頃）[4]

いる（図1.4）。これが世界初の自動車とも言われており，ピストンが二個使われて小型化されたものの，前輪荷重が大きくて運転操作に難があり実用化には至らなかった。蒸気機関を利用した移動車両の出現にはそれから30年を要している。トレビシック（英）は1801年に蒸気機関車を試走させ鉄道発展の先駆者となった。また，1820年代になるとガーニー（英）が開発した蒸気機関搭載のバスが街の中を走るようになった。

　蒸気機関は時代とともに蒸気圧が高くなり効率も向上している。1814年にはスティーブンソン（英）が小型高出力の蒸気機関車を発明し，これによって人類は高速・長距離の移動手段を手にした。その後も蒸気機関は高圧化・小型化が進み，1900年頃にはガソリンエンジンと自動車動力源の地位を争っている。

　当初の蒸気機関はピストン往復動式であったが，20世紀になってから舶用や発電所などの大型機関では，熱効率の高いタービン式が主流になった。一方，蒸気機関はタービン式であっても起動に時間がかかることや質量当たりの出力が小さいため，輸送用機器の動力源としては時代とともに衰退し，自動車は内燃機関に，鉄道は電気モーターやディーゼルエンジンに，船舶はディーゼルエンジンにその座を奪われた。

　歴史は繰り返すとまでは言えないが，近年電気自動車が脚光を浴びている。電力の多くは蒸気動力で発電されており，間接的ではあるが，内燃機関は蒸気機関にその地位を脅かされているとも言える。

1.3 ホイヘンスからオットーに至る内燃機関の歩み

蒸気機関の元祖がヘロンだとすると，内燃機関の元祖はホイヘンス（蘭）になるのだろうか。それより以前にロケットのように火薬を利用した火箭（通信に利用）が1200年頃に中国で利用されているが，連続的に動力を得ているわけではないため，これを内燃機関とは言いがたい。ここでは，速度型を除いた内燃機関について見ていくことにする。

ホイヘンスは土星の輪を発見した物理学者である一方で，ベルサイユ宮殿の池や噴水など水まわりの責任者でもあった。セーヌ川からの水の運搬に日々頭を悩ませていたが，この解決策として動力装置の開発を試み，1670年頃に火薬を使った負圧利用の内燃機関を考案している。図1.5はホイヘンスが描いたスケッチ図（a）とその模式図（b）を示している。このエンジンは，シリンダーの下部で火薬を爆発させ，その爆風でシリンダー内ガスを排出させるもので，上部に取り付けられた排気孔には柔らかな皮を使っており，正圧で開き負圧で閉じる，いわゆるバルブの役割を兼ねさせている。シリンダー内のガスが冷却され負圧になるのを利用して動力を得ようとしており，連続運転までは考えられていないが，繰り

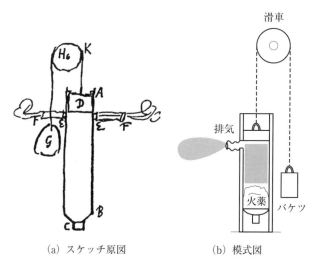

(a) スケッチ原図　　　　(b) 模式図

図1.5 ホイヘンスの火薬式負圧利用機関（1670年頃）[5]

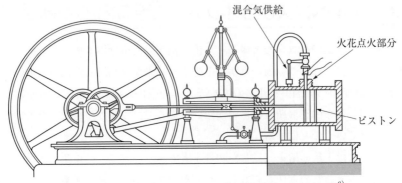

図 1.6　ルノアールのガスエンジン（無圧縮機関　1867 年頃）[6]

返し利用ができる点では熱機関の要件を限りなく満たしている。

　その後も内燃機関の構想は種々提案されているが，動力源としての産業化はワットに代表される蒸気機関が先であり，内燃機関は遅れをとることになる。もちろん，蒸気機関の全盛期にも内燃機関の実現に向けての努力が続けられている。リバーツ（スイス）は 1805 年頃，ボルタの電池を利用した火花点火エンジンを発表している。このエンジンは，爆発力を直接動力としておらず，爆発時はワンウエイのラックアンドピニオン機構（直線運動を回転運動に変換する歯車機構）でピストンを上昇させ，シリンダー内圧力の減少にともなうピストン下降を動力として利用している。

　連続運転が可能な内燃機関は，1820 年代にブラウン（英）の開発したものが最初と言われており，大型ではあったが蒸気機関よりも効率が良かったため舶用エンジン等で利用された。一方，現在の内燃機関の原型となるのは，図 1.6 に示す 1867 年のルノアール（仏）のエンジンである。0.5 馬力（約 0.35 kW），熱効率 4 %相当のエンジンを開発しており，燃料はガスであるが，コイルで高電圧を発生させてプラグで点火を行うなど，まさに現在の火花点火エンジンの原型となっている。ただし，このエンジンは吸気行程の途中で点火する無圧縮エンジンで，一行程に 1 回爆発させる 2 サイクル的作動になっており，燃焼変動が大きかったようだ。

　先に述べたリバーツのフリーピストンエンジンと同形式のエンジンは，オッ

トー（独）も 1867 年頃製作している。オットーはこのフリーピストン式 2 サイクルエンジンで，熱効率を 8% 近くまで向上させた。しかし，フリーピストン式ではラック部の騒音や高い熱効率が得られないなどの問題があったため，新しい方式のエンジンの開発を始めた。これが吸気→圧縮→膨張→排気行程で作動する 4 サイクルエンジンである。原理としては 1862 年にローシャ（仏）が提唱していた。この方式では，圧縮した混合気に点火することになり，燃焼圧力が高いこともあいまって，ピストンシールや強度上のトラブルも発生したようである。これらの課題を克服し，1876 年には実用化にこぎつけており，オットーは 4 サイクル火花点火エンジンの発明者として名を遺した。

　図 1.7 は，1876 年に発表されたオットーエンジンの外観を示すものである。このエンジンの圧縮比は約 2.5 で，燃料はガスを使っており，燃焼室内の混合気は，燃焼室上部が過濃で着火がしやすくなる，いわゆる層状給気を実現している。また，点火系は電気式でなく，当時信頼性の高かったスライドバルブを使ったトーチ点火方式を改善して用いている。このスライドバルブを使った点火機構は複雑なものであるが，この方法で 300 rpm 程度までの点火が可能となり，熱効率も 16% まで向上したとされている。

　内燃機関の実用化は蒸気機関に遅れること 100 年になるが，多くの先人の工夫と努力によって進化を続け，重要な動力源の地位を得ることになる。

図 1.7　オットー 4 サイクルエンジンの外観図（1876 年頃）[7]

1.4　小型軽量高速ガソリンエンジンの出現

1.4.1　ガソリンを利用したエンジン

　内燃機関を構想したホイヘンスは燃料に火薬を考えたのに対し，1800年頃ストリート（英）は揮発性の高いテレピン油などを蒸発させて使用する方法を考えている。しかし，実用化されたエンジンは，石炭ガスなどのガスを燃料としたものであった。燃料としてガスを利用することは定置型エンジンの場合には問題はないが，車両などへの利用を考えると扱いが不便であり，液体燃料の利用が考えられて当然である。一方，液体燃料を利用する場合の問題点は，いかに燃料を微粒化または気化させてシリンダーに供給するかであった。ここで考案されたのが図1.8のような表面気化器と呼ばれる装置である。この気化器は，排気の熱によって燃料を気化しながら混合気を形成するもので，図のような気液分離筒で液体を分離しながら吸気管に混合気を送っており，燃料溜まりの量を制御するためのフロートも付いている。

　このような加熱によるガス化を主とした表面気化器に代わって，1890年代に入ると，空気流速により微粒化を行う現在の気化器が開発されるようになる。これらの中で，1893年に発表されたマイバッハ（独）の気化器（図1.9）はその代表的なものである。図に見られるように，ベンチュリー部（絞り管）があり，フ

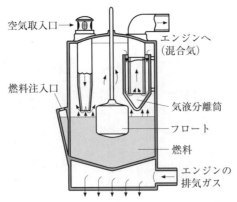

空気取入口→

エンジンへ
（混合気）

燃料注入口

気液分離筒

フロート

燃料

エンジンの
排気ガス

図 1.8　表面気化器（排熱でガソリンを気化）[8)]

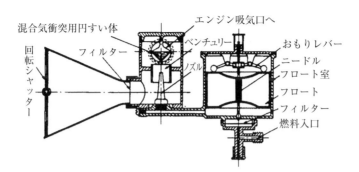

図 1.9　マイバッハの流速利用気化器（1893 年頃）[8]

ロートチャンバーから燃料供給を行うなど，現在の気化器と同様の機構になっている。

1.4.2　ダイムラーおよびベンツの功績

　19 世紀後半の自動車に搭載された動力源の多くは蒸気機関であった。しかし，蒸気機関は，始動性，蒸気釜の安全性，およびエンジン重量など，ユーザーにとって利用しやすいものではなかった。これらの課題を解決するため，自動車用エンジンとしてガソリンエンジンを使うことに挑戦したのがダイムラー（独）である。

　燃料にガソリンを利用しようとする試みは 1840 年代からあり，1860 年のルノアールエンジン，あるいは 1867 年のオットーのフリーピストンエンジンでも実験されている。そして，1873 年には，ルノアールエンジンをガソリン用に改良したホック（オーストリア）のエンジンが市販されている。しかし，これらはいずれも定置型であり，自動車を想定していなかった。

　一方，ダイムラーは開発当初から自動車を意識して，小型軽量化を目指しており，1885 年に図 1.10 のような立形 500 cm^3，0.5 馬力（約 0.35 kW）のガソリンエンジンをオートバイに搭載している。なお，このエンジンに利用されている気化器は，新たに開発された速度微粒化方式であった。吸・排気弁には現在と同じきのこ形のポペット式，点火にはトーチ点火方式（常時燃焼しているバーナー火炎を利用）を改良した熱栓点火方式が採用され，エンジン回転速度も 800 rpm

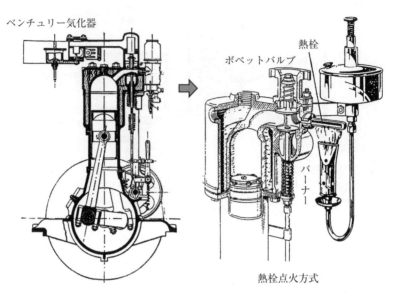

ベンチュリー気化器

ポペットバルブ

熱栓

バーナー

熱栓点火方式

図 1.10　ダイムラーのガソリンエンジンと熱栓点火方式（1885 年）[9]

まで上昇している。

　同時期にベンツ（独）はガソリンエンジンを自動車用として商品化することを目指して開発を進め，1886 年に 948 cm³，0.67 馬力（約 0.5 kW）/250 rpm のエンジンを搭載した車両を発表している。オットーの時代には馬力重量 500 kg/馬力（680 kg/kW）であったエンジンが，ベンツによって 40 kg/馬力（54 kg/kW）と 1/10 にまで軽量化され，リッター馬力もオットーの 0.5 馬力/L（0.35 kW/L）から 2 馬力/L（1.5 kW/L）にまで向上している。このように，ダイムラーおよびベンツによって開発された小型軽量高速のガソリンエンジンは，その後の乗用車発展の基礎となっている。

1.5　ディーゼルエンジンの夜明け

　冷凍機製造会社の技術者として活躍していたディーゼル（独）は，当時のオットーエンジンよりもさらに熱力学的に合理的なエンジンの開発を行うべく研究を開始した。その構想は，「自己着火で燃焼が始まり，供給熱がすべて仕事に変換

できる等温燃焼機関」すなわち，カルノーサイクルを目指すものであった。当初は微粉炭などをピストンの膨張に応じて徐々に供給し，等温燃焼を実現しようとした。このような構想の特許は 1893 年に取得しているが，圧縮比を高めたために圧縮漏れが生じ，また燃料供給方法の課題もあり，運転に成功したのは 1897 年になる。その後も改良を加えて市販された当初のエンジンの外観は，図 1.11 (a) のようにボアが 210 mm と大型であった。自己着火のためには圧縮圧力を高くする必要があるが，ピストンまわりのシール，および吸・排気弁のシールが悪く，1893 年当初の圧縮圧力は 18 気圧（約 1.8 MPa）程度と現在の 40 気圧（約 4 MPa）にはほど遠かった。その後ピストンリングの開発によって圧縮圧力も 30 気圧（約 3 MPa）を超え，自己着火運転が可能になった。しかし，高負荷になると黒煙が発生するという問題にぶつかり，燃料供給方法および混合気形成に対する改善が進められた。

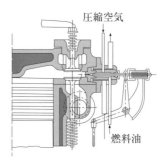

圧縮空気

燃料油

(a) 市販された初期のディーゼルエンジン　　(b) 初期の空気式燃料噴射装置

図 1.11　初期のディーゼルエンジン（1899 年製，ボア 210 mm，ストローク 390 mm，出力 14.7 kW/180 rpm，（株）ヤンマー尼崎工場所有）と噴射装置 [10]

初期の燃料噴射方式は，弁機構を有しない圧力伝播で噴射が始まるオープンノズルであり，噴射終了付近での微粒化が十分でなく黒煙が発生した。この解決のために空気噴射方式（図 1.11（b））が開発された。この方式は，燃料を高圧空気によって微粒化するもので，これによって黒煙の低減が可能になった。その後も種々の改善が進められ，1897 年末には正味熱効率 30% のディーゼルエンジンが完成し，高効率エンジンとしての地位を確固たるものにした。

1.6　エンジン出力と熱効率の変遷

19 世紀に実用化された内燃機関は，自動車の動力源として急速に技術革新を遂げているが，その過程では多くの技術者・研究者の「夢」の実現に向けた努力を見逃すことができない。その時代の材料，機構，制御システムなどの周辺技術を活用しながら次第にその姿を変え，熱エネルギー変換装置の中で最高クラスの熱効率を誇る動力源に発展してきた。

1.6.1　エンジン出力（リッター出力）の変遷

図 1.12 は，排気量 1 リッター当たりの出力の変遷を示したものである。1886年にベンツが開発したガソリンエンジンは，排気量 1 リッター当たり 0.5 kW 程度の出力であったが，量産車となった T 型フォードの時代（1910 年頃）には 10 kW/L まで飛躍的に向上している。その後，エンジンの高速化ならびに体積効率の改善などで，一般車でも 60 kW/L を超えるまでになっている。近年，ターボ付きエンジンがスポーツカーばかりでなく，エンジンのダウンサイズ化にともない多くの車で利用され，この場合の出力は，80〜130 kW/L と一昔前のレース用エンジンに匹敵するレベルに達している。エンジン出力は単位時間に吸入する空気量に比例することから高速化の効果も大きく，量産車のエンジンでも最高回転速度が 6 000〜8 000 rpm と，ダイムラー時代の 10 倍以上になっている。特に高出力が求められる F1 レース用のエンジンでは 1 分間に 2 万回転を超えるものもある。この場合の燃焼時間は 1 ms 程度とカメラのストロボの発光時間に相当するが，このような短時間で完全燃焼が実現できており，驚くべき技術革新と言

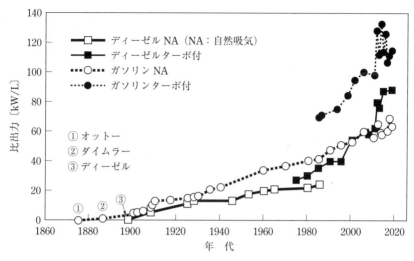

図 1.12　エンジンの比出力の変遷

える。

　ディーゼルエンジンの性能も向上しているが，これは従来の数倍の高圧燃料噴射によって微粒化が進み黒煙を低減できたことと，可変ターボシステムで高過給が可能になったことの効果が大きい。これによってリッター当たり 80 kW 近い出力が得られるまでになった。このようにディーゼルエンジンの性能が向上したことと CO_2 の排出が少ないことから，ヨーロッパでは一時期クリーンエンジンとしてガソリン車を凌ぐ勢いでディーゼル乗用車が増大した。しかし，一部メーカーでの排気処理の不適切な扱いもあって，ディーゼルエンジンの排気対策の信頼性が疑問視されるようになり，ディーゼル乗用車のシェアーは伸び悩んでいる。

1.6.2　熱効率の変遷

　ニューコメンによる蒸気機関の発明によって，われわれは動力を手にすることができた。このエンジンの熱効率は低く 0.5 % 程度と言われているが，それでも鉱山などで広く利用された。その後，ワットが復水器付きのシステムを発明し，蒸気機関の熱効率を 2 % まで高めているが，この間 50 年の歳月を要している。

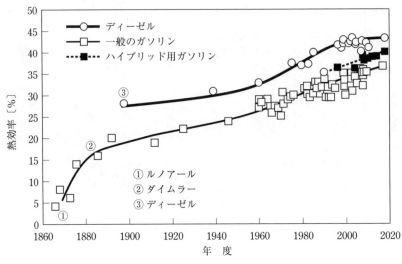

図 1.13　エンジンの熱効率の変遷

　一方，オットーが開発した 4 サイクルエンジンの熱効率は 16 % 程度とワット
の蒸気機関より 8 倍近く高くなったが，ワットの発明から 100 年を要している。
その後も燃焼の改善，各種損失の低減を図ってきた結果，現在のガソリンエンジ
ンは約 35 %，ディーゼルエンジンは 45 % 近い正味熱効率となっている（図 1.13）。
熱効率の改善はガソリンエンジンの場合には，主に圧縮比を高めることおよび燃
焼温度を下げて熱損失を減らすことであり，近年開発された直接噴射式ガソリン
エンジンは 40 % を超える正味熱効率を達成している。

　ディーゼルエンジンは圧縮比を高くして自己着火をさせるエンジンであり，理
論的にも熱効率が高く，初期のものでも約 30 % 程度であったと言われている。
特に大型舶用ディーゼルエンジンは，熱機関としては最高となる 50 % を超える
ところまで達している。自動車用では一時期，混合気形成に優れ騒音の低い副室
エンジンが使われていたが，空気流動の利用や燃料噴射の高圧化，ターボ過給機
の改善，コモンレール式燃料噴射による噴射の多段化により，熱効率の高い直接
噴射式エンジンが使われるようになった。

1.7　世界をリードする日本のエンジン技術

　日本のエンジン技術は，戦前の航空機エンジンに見られるように世界的にも高いレベルにあった。このような技術の自動車への展開は，主として軍事用のトラックなどが中心であり，乗用車の開発は欧米に遅れを取っていた。特に，敗戦後はGHQ（連合国軍最高司令官総司令部）によって国産車の製造が規制され，しばらくの間，外国車両をノックダウン方式（部品を輸入し日本で組み立てる）で作る状況であった。1952年にGHQの規制が解除され，真っ先に国産自動車に取り組んだのは豊田喜一郎氏である。図1.14は，日本車の生産台数の推移と技術トピックを示している。豊田氏は1955年に初の国産車クラウンを発表し，アメリカにも輸出を試みた。しかし，100 km/hで何時間も走行することができないなど，苦難の連続であったそうだ。ほかにも，世界への挑戦では本田宗一郎氏のレース参戦が挙げられる。1961年，念願のオートバイでのマン島TTレースで優勝した後，F1で世界制覇を目標にエンジン開発を進め，1965年メキシコGPで優勝し，日本の技術力の高さを誇示することになる。このような先駆者の夢と努力と挑戦が原動力となって，今では図に示すように，自動車生産台数は国内で

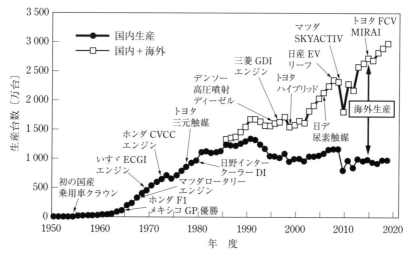

図 1.14　日本の自動車生産台数と主な技術開発[11]

1千万台，国外で2千万台と世界屈指の自動車生産国となった。

1.7.1 ガソリンエンジンのトピックス

　往復式エンジンの欠点を克服するため，ロータリーエンジンの開発が多くの企業で試みられた。色々なタイプがある中で，マツダはドイツのNSU社が考案したバンケル型ロータリーエンジンの実用化を目指した。図1.15はその断面図である。おむすび型のローターが繭型のローターハウジングに沿って回転するもので，ローターが1回転する間に3回の燃焼があり，4サイクルエンジンのように独立した吸・排気行程を有しつつ，2サイクルエンジンのように出力軸1回転毎に燃焼できるため小型で高出力が得られ，しかも静粛であった。しかし，ガスリークを防ぐサイドシールやアペックスシールと呼ばれるシールの耐久性が課題となり，その解決に多くの努力が払われた。材質や形状などの工夫でこの問題を克服し，1967年世界で初めて量産車に搭載して発売された。これは，マツダの山本健一氏をはじめとする若き技術者の挑戦の成果であり，エンジン史に残るものであろう。

　また，ロータリーエンジンは当時のアメリカの排出ガス規制（マスキー法）に適合可能なエンジンとして，多くの企業がマツダのライセンスの下で量産化を目指した。しかし，1973年にオイルショックに見まわれて燃費が注目されるようになり，燃費で劣るロータリーエンジンを開発する企業がなくなり，マツダでも生産を縮小することになった。ロータリーエンジンの熱効率が往復式エンジンに及ばないのは，その機構から燃焼室が扁平にならざるを得ず，表面積/容積比が大きくなって熱損失が増大することが要因として挙げられる。

　マスキー法をクリアするエ

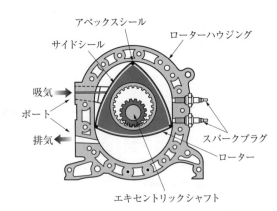

図1.15 ロータリーエンジンの断面図[12]
（動画あり，目次のQRコード参照）

ンジンの開発はホンダでも行われていた。久米是志氏らが開発したCVCC（compound vortex controlled combustion）エンジンである。1972年に発表されたエンジンは，層状給気燃焼エンジンで，触媒を使わずにマスキー法の規制値を達成できており，国内外から高い評価を得た。この原形となる構想はロシアにあったと言われているが，副室に濃い混合気を導入し，着火を確実にしたうえで，主室の希薄

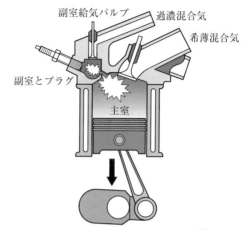

図1.16　CVCCエンジンの模式図 [13]
（動画あり）

混合気を燃焼させる画期的なエンジンであった（図1.16）。

　層状給気燃焼の研究は，三菱自動車の安東弘光氏らも進め，燃料の燃焼室内への直接噴射とタンブルという空気流動を利用して，副室のない層状給気燃焼を確立するとともに，その後も同様の研究が多くの企業で行われ，この分野でも日本は開発を先導した。

　21世紀に入っても熱効率の改善や排気対策のための創造的な研究が続けられており，その中で興味深いものとしては，動弁系の電子制御が容易になったことから，アトキンソンサイクルやミラーサイクルのように膨張行程期間を拡大したエンジンが各社で実用化されている。さらに，これまで難しいとされていた可変圧縮比エンジンが日産から発表された。負荷や回転速度に応じてコンロッドのストロークをリンク機構で可変化したもので，構想から商品化までに20年を要したそうだ。

　近年注目すべきエンジンの1つとして，マツダの高圧縮ガソリンエンジンが挙げられる。ガソリンの希薄混合気が圧縮比の高い条件で自己着火することを利用し，最適化をすればNO_xも微粒子（PM：particulate matter）もほとんど発生しないうえ，軽負荷では熱効率が改善できることを突き止めた。この予混合気の自己着火による燃焼形態はHCCI（homogeneous charge compression ignition,

予混合圧縮着火）と言われるもので，多くの技術課題があるが，エンジン燃焼形態の変革期を示唆している。なお，詳細は第5章で解説する。

1.7.2　ディーゼルエンジンのトピックス

　前述のように，日本のガソリンエンジン技術は常に世界の最先端を走っているが，ディーゼルエンジンも大型車用エンジン分野では世界をリードしている。特に，自動車メーカー各社の技術者が集まって，次世代のディーゼルエンジンの開発を目指す新燃焼システム研究所の成果が大きかった。初代社長の鈴木孝氏は，高圧噴射で大幅な燃焼改善が可能であることを燃焼写真などで明らかにした。当時の燃料噴射圧力は 40 MPa 程度であったが，今後 200 MPa が必要であると提言しており，この研究が契機となってディーゼルエンジンのクリーン化が進展した。噴射圧力の高圧化にはデンソーの貢献も大きい。この分野での先駆者はドイツのボッシュ社であったが，デンソーの高い開発力で，世界に先駆けて 1995 年にコモンレール式燃料噴射装置を市場に展開するなど国産エンジンの高性能化を支えている。現在，同社では最高噴射圧力 250 MPa で多段噴射が可能な噴射系のほか，ノズル駆動源をソレノイド式より応答性の良いピエゾ式にしたものも提供しており，さらに 300 MPa の噴射系にも挑戦している（図 1.17）。

　ディーゼルエンジンの課題は PM（粒子状物質）と NO_x の同時低減である。噴射圧力の高圧化，高過給，DPF（diesel particulate filter）で PM は改善でき

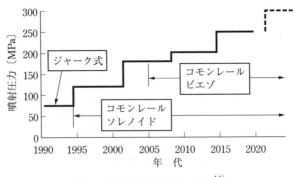

図 1.17　燃料噴射圧力の変遷 [14]

たが，NOₓを低減できないでいた。これを解決したのは尿素 SCR 触媒である。尿素水の補充や冬季の凍結の懸念があったが，日産ディーゼル（現 UD トラックス）がいち早く実用化した。

　一方，小型のディーゼルエンジンはヨーロッパメーカーが先行していて，日本は追従する状況であったが，近年マツダが低圧縮比での新しい燃焼形態を提案し，小型ディーゼルエンジンも新時代を迎えようとしている。ディーゼルエンジンは高圧縮比が熱効率の原点になっていたが，マツダは低圧縮比によって排気特性と熱効率の同時改善を実現した。特に，使用頻度の高い軽負荷を重視しており，ターボでの過給によって大量 EGR（exhaust gas recirculation，排気ガス再循環）を可能にし，着火遅れ期間に混合気の均一化を図ることで予混合圧縮着火に挑戦している。ガソリンエンジンの HCCI と類似しているが，ディーゼルエンジンでは PCCI（premixed charge compression ignition）と呼んでいる。このような燃焼も含め，PM が少なく，NOₓ の後処理が不要なエンジンを完成させている。

1.7.3　電動化の流れ

　米国カリフォルニア州では販売する自動車の一定割合を電気自動車，すなわち ZEV（zero emission vehicle）とすることが求められており，中国でも自動車動力源を電気自動車(EV)化する流れになっている。遡ると電気自動車への期待は，ボルタの電池とモーターが発明された 1830 年頃からあった。当時の主流であった蒸気自動車は始動性や航続性が悪く，1800 年後半には電気自動車はガソリン車や蒸気自動車と同程度走っていたようだ。しかし，1900 年初頭の T 型フォードの出現で電気自動車の優位性はなくなり，生産は順次中止されている。

　歴史は繰り返すではないが，環境問題への対応から電動化は進むと思われる。その先駆けはトヨタのハイブリッド車（HEV：hybrid electric vehicle）だったのではないか。トヨタには 1993 年頃に 21 世紀に向けた「G21 プロジェクト」という組織があり，そのテーマの 1 つとしてハイブリッド車があった。エンジン技術とモーター制御技術を融合し，次世代の車を作ることだった。若い技術者集団の情熱と努力で，21 世紀を待たずに 1997 年 12 月に完成し，プリウス（ラテン語で「先駆け」）として発売された。小型で高出力のモーターが開発され，電池

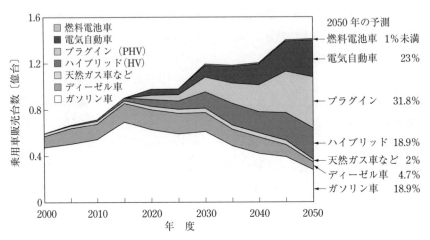

図 1.18 パワートレイン別長期見通し
（IEA「Energy Technology Perspectives 2017」に基づき経済産業省が作成）[15]

も小型大容量となり，他社も追従した。その後もハイブリッドシステムやそれに
適したエンジン開発が進んでいる。トヨタではミラーサイクルの要素も取り入れ
たエンジンで，熱効率40％を実現している。ハイブリッド車は，乗用車ばかり
でなくトラックにも使われるようになり，日本ばかりでなく欧米にも広がってい
る。種々の組織で自動車動力源の将来予想が出されており，IEA（国際エネルギー
機関）の報告では，2050年時点でハイブリッド車が50％程度，従来型エンジン
車が約26％，燃料電池を含めた電動車が24％程度となっている（図1.18）。

　これを見ると，当面の電動化はエンジンを搭載しない電気自動車（BEV：
battery electric vehicle）化ではなく，エンジンとモーターのハイブリッド化が
主流であり，内燃機関は自動車用動力源として今後もしばらくは活用されると思
われる。しかし，BEV化に対抗するためには燃費や公害に対するポテンシャル
を高める必要がある。もちろん，BEV化にともなう内燃機関の将来への危機感は，
国や産業界，大学研究者にもあり，近年国家プロジェクトとして高効率エンジン
を目指した産学連携研究が進められている。目標は乗用車用エンジンの熱効率
50％であるが，それに近づく結果も出てきている。大型自動車用ディーゼルエン
ジンではさらにそれを上回る効率が達成されつつあり，今後の進展が期待されて
いる。

ここではごく一部の技術紹介となったが，エンジン開発に情熱を燃やした多くの技術者が日本の自動車産業を世界一にまで押し上げてきた。今後も産学官の連携によって基礎研究から応用研究を広く展開し，世界のエンジン技術をリードし続けることを願っている。そのためにはエンジン開発に夢と情熱をもった若い技術者が多数生まれてくることであり，本書がその一助になれば幸いである。

　なお，本書はエンジン工学と題しているが，主として自動車用内燃機関の基礎と応用を中心に解説しており，ガスタービン，ジェットエンジンなどの内燃機関については他書を参考にしてもらいたい。

●参考文献

1) Wikimedia Commons；https://commons.wikimedia.org/wiki/File:Aeolipile_illustration.png
2) 鈴木；エンジンのロマン，三樹書房(2012)
3) Wikimedia Commons；https://commons.wikimedia.org/wiki/File:SteamEngine_Boulton%26Watt_1784.png
4) Wikimedia Commons；https://commons.wikimedia.org/wiki/File:FardierdeCugnot20050111.jpg
5) C. Lyle, Cummins. Jr；Internal Fire, SAE Inc.(1989)
6) 古濱，内燃機関編集委員会；内燃機関，東京電機大学出版局(2011)
7) Wikimedia Commons；https://commons.wikimedia.org/wiki/File:PSM_V18_D500_An_american_internal_combustion_otto_engine.jpg
8) 魚住，竹内，荒井，鈴木；自動車用気化器の知識と特性，山海堂(1984)
9) 富塚；内燃機関の歴史，三栄書房(1969)
10) ルドルフ・ディーゼル，山岡；ディーゼルエンジンはいかにして生み出されたか，山海堂(1993)
11) 日本自動車工業会；海外生産，http://www.jama.or.jp/world/foreign_prdct/foreign_prdct_2t1.html
12) 長山；初めて学ぶ基礎エンジン工学，東京電機大学出版局(2008)
13) 板谷，益田；本田宗一郎と井深大，朝日新聞社(2002)
14) 松本ほか；燃料噴射系製品の歴史と今後，自動車技術，Vol.66，No.4(2012)
15) 経済産業省；自動車新時代戦略会議(第1回)資料(2018)，https://www.meti.go.jp/committee/kenkyukai/seizou/jidousha_shinjidai/pdf/001_01_00.pdf

第2章

往復式内燃機関の基本と特徴

2.1 熱機関の分類

　熱エネルギーを連続的に動力に変換する装置を熱機関（heat engine）と言う。その発展の経緯については第1章で触れたが，ここでは作動ガス（外燃式か，内燃式か）および動力変換方式（往復式か，回転式か）の観点から熱機関を分類し，その特徴について見ていくことにする。図2.1に記すとおり，各エンジンはその特徴を生かし，適材適所に利用されている。一方，往復式蒸気機関（reciprocating steam engine）のように優位性が失われたものはすでに淘汰されている。

　熱機関の中で作動ガスとして燃焼ガスを直接用いるものを内燃機関（internal combustion engine）と言う。燃焼ガスを直接用いることから熱交換器（heat exchanger）が不要であり，熱交換器が必須となる外燃機関（external combustion

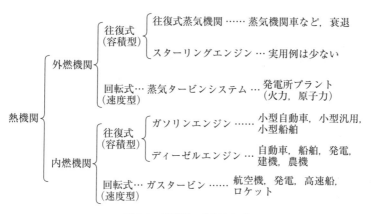

図2.1　熱機関の分類と用途

engine）に比べて作動ガスの温度を高くでき，カルノーサイクル（Carnot cycle）の理論に基づくと高熱効率化に対するポテンシャルが高い。さらに蒸気機関や蒸気タービンシステム（steam turbine system）で必要となるボイラー（boiler）が不要のため，小型・軽量化が容易で比出力を大きくできるため，自動車などの輸送用機器の動力源に好適である。しかし，燃料が制約されることや排気対策が不可欠となることが欠点として挙げられる。

　一方，熱機関を動力変換方式で分類すると往復式（容積型）と回転式（速度型）に分けられる。往復式は回転式に比べて，シリンダーの耐圧性から最高圧力の制約を受けることや，大気圧まで完全膨張できないことの両面から膨張比が小さくなること，さらには壁面からの冷却損失が大きいことなど熱効率上不利な点がある。一方で作動ガスが高温になるのが間欠的なため，熱的負荷の大きな部位が少なく，作動ガスの温度を高めることが容易である点で高効率化に有利である。この優位性は前述の不完全膨張などの欠点を補って余りあるものがあり，内燃式との相性が良い。一方で，回転式と比較して振動が大きいことに加えて，高速回転ができないため高出力化に不利であり，それらの面では回転式の内燃機関であるガスタービンに劣る。しかし，ガスタービンでは常に高温の作動ガスにさらされるタービンブレードの耐熱性から，最高温度を高めることが困難であって内燃式の利点を生かしきれず，一般に熱効率の面では往復式内燃機関に及ばない。さらに，往復式内燃機関は自動車などで要求される負荷や回転速度の瞬時の変化に対する対応が容易であることも大きな特長として挙げられる。

2.2　往復式内燃機関の基本構造など

2.2.1　エンジンの基本構造

　往復式内燃機関（reciprocating internal combustion engine，以下内燃機関と言う）は，シリンダー（cylinder）内をピストン（piston）が往復運動し，それを連接棒（connecting rod）でクランク軸（crank shaft）に伝えて回転運動に変換し出力を得ている。これらはピストン・クランク系と言われており，図 2.2 はこれらを含めた火花点火エンジンの基本構造を示している。

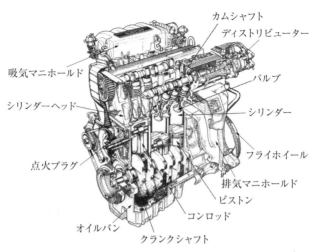

図 2.2 往復式内燃機関（4 サイクルエンジン）の基本構造[1]

図中のラベル：
- カムシャフト
- ディストリビューター
- 吸気マニホールド
- バルブ
- シリンダーヘッド
- シリンダー
- 点火プラグ
- フライホイール
- 排気マニホールド
- ピストン
- コンロッド
- オイルパン
- クランクシャフト

シリンダーの上部にはシリンダーヘッドが装着されており，4 サイクルエンジンでは，吸・排気系（吸・排気弁，およびカム軸などの動弁系）を有している。そのほかシリンダーヘッドには点火系や燃料供給系などがあり，火花点火エンジンではスパークプラグが，ディーゼルエンジンでは燃料噴射ノズルが取り付けられている（図 2.6 参照）。下部にはクランク室のほか，オイルパンやオイルポンプといった潤滑系が配置されている。そのほか，シリンダーの周囲やシリンダーヘッドには冷却系の流路が確保されている。

2.2.2 エンジンの基本用語

図 2.2 でエンジン各部の名称を示したが，次によく使われるエンジンの基本的な用語について説明する。

図 2.3 において，シリンダー容積が最小となるピストン位置を上死点（TDC：top dead center），シリンダー容積が最大となるピストン位置を下死点（BDC：bottom dead center）と言い，これらを境に吸気，圧縮，膨張，排気の各行程に区分される。上死点におけるシリンダー容積，すなわち最小となる容積をすきま容積（V_c, top clearance）と言い，下死点での容積（V_{BDC}, 最大容積）とすきま

容積の差を行程容積（$V_h = V_{BDC} - V_c$, stroke volume）あるいは排気量と言う。行程容積は一行程で導入できる空気量に対応し，エンジンサイズを表す指標の1つである。

　下死点容積をすきま容積で除した値を圧縮比（$\varepsilon = (V_h + V_c)/V_c$, compression ratio）と言い，作動ガスを何分の一に圧縮するか（上死点から何倍膨張するか）を示している。圧縮比は圧縮・膨張行程のシリンダー内圧力に大きく影響するのみならず，理論熱効率を支配する極めて重要な設計因子である。

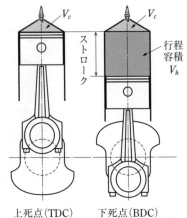

上死点（TDC）　　下死点（BDC）

図2.3　ピストン位置と行程容積

　ピストン位置を示す値としてシリンダー中心軸とクランク軸がなす角度，すなわちクランク角度（θ〔°CA〕, crank angle）が用いられている。通常は上死点を基準として0°とし，上死点前（BTDC：before top dead center）または上死点後（ATDC：after top dead center）で示す。例えば，20°CA BTDC は上死点前20°を意味する。

2.3　ピストン・クランク系の構造

2.3.1　ピストン，ピストンリングおよび連接棒（コンロッド）

　ピストンは，上面にシリンダー内ガス圧力を受け，その力をピストンピンを介して連接棒（以下コンロッドと言う）に伝える部品である。したがって，それに十分に耐える強度が必要である一方，往復運動にともなう慣性力を軽減するためには軽量であることが望まれる。それに加えて燃焼ガスにさらされることからある程度の耐熱性とともに，効率よく放熱できることも求められる。

　さらに，シリンダー内を円滑に摺動すると同時に，シリンダー内ガスの気密を保つという相反的な要求がある。それを満たすために，図2.4（a）に示すとおり

ピストンには通常3本のピストンリングが装着されている。上部2本はシリンダー内ガスを逃がさないように気密を保つための圧力リングであり，下部の1本はシリンダー壁に付着した潤滑油をクランク室にかき落とすためのオイルリングである。

　ピストンがシリンダー内を滑らかに摺動するには，ピストンの外径をシリンダーの内径よりも小さくする必要があり，ピストンとシリンダーの間にはすきまが存在する。したがって，圧力リングがないとすきまを介してクランク室に多量のガスが漏れてしまう。ピストンリングは，図2.4（b）に示すとおり1か所に合口すきま（開口部）L がある金属製のリングであり，解放された状態では合口が開いていて，外径がピストン径よりも大きく作られている。シリンダー内に装着された状態で合口が閉じて外周面がシリンダー壁を押し付けて密着するようにできている。

　さらに，図2.4（c）に示すとおりリングとリング溝の間のすきまおよび上面に入るガス圧によりリングはシリンダー壁およびリング溝下面に押し付けられてシリンダー内ガスのシールを行う。そのほか，ピストンリングはピストンの熱をシリンダーに逃がす役割も担っている。

　コンロッドの両端は図2.4（a）に示すように，小端部（small end）と大端部（big

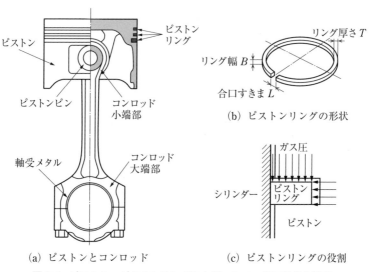

（a）ピストンとコンロッド　　　（c）ピストンリングの役割

図2.4　ピストン，ピストンリングおよびコンロッドの形状と機能

end）からなり，小端部ではピストンにかかる力をピストンピンを介して受け，その力は大端部からクランクピンを経由してクランク軸に伝えられる。これらの部分では，往復慣性力（小端部）や回転慣性力（大端部）が発生するので，材質や形状で剛性を高めるとともに，軽量化が要求される部品である。

2.3.2 クランク軸

クランク軸は，図2.5に示すとおり，主軸，クランクアーム，およびクランクピンからなる。その設計には，燃焼圧力および慣性力に加えて，軸受荷重，トルク変動，ねじり振動などを考慮する必要がある。

クランク軸は主軸を中心に回転するが，クランクアーム，クランクピン，およびコンロッドにより重心が回転軸と一致しないことに起因して加振源となるため，それを解消するためにクランクアームの反対側に釣り合いおもり（balancing weight）を装着している。釣り合いおもりには上述の回転運動の不釣り合いを解消するための質量のほか，ピストンおよびコンロッド小端部などが往復運動することによる慣性力を打ち消すための質量が加えられる（10.2節参照）。そのほかにクランク軸端には，フライホイール（flywheel，はずみ車）が取り付けられており，これにより膨張行程で得られる仕事を回転エネルギーとして蓄えて他の行程に分配してトルク変動を防いでいる（10.3節参照）。

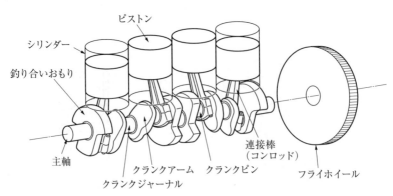

図2.5　クランク軸とフライホイール[2]

2.4　エンジン形式による比較

2.4.1　火花点火エンジンとディーゼルエンジン

　内燃機関は，スパークプラグ（spark plug）により混合気に点火する火花点火エンジン（SI：spark ignition engine）と高温・高圧に圧縮した空気に燃料を噴射して自己着火させる圧縮着火エンジン（CI：compression ignition engine）に大別される。火花点火エンジンは多くの場合にガソリンを燃料とするため，ガソリンエンジンとも呼ばれており，圧縮着火エンジンはその発明者の名前を取ってディーゼルエンジン（Diesel engine）と呼ばれている。それぞれの詳細は第5章および第6章で記述するが，ここでは両者を比較しながらそれぞれの特徴を概説する。

　両者の相違を端的に表しているのが点火方式であり，図2.6に示すように，火花点火エンジンではスパークプラグにより混合気に点火するのに対し，ディーゼルエンジンでは高温・高圧に圧縮した空気に燃料を噴射して自己着火させる。そのため，燃焼の開始時期は火花点火エンジンでは点火時期（スパーク発生時期）により，ディーゼルエンジンでは燃料噴射時期により設定される。

　そのほか，両エンジンの特徴を一覧にしたのが表2.1である。燃料供給方法は火花点火エンジンでは気化器（carburetor）あるいは吸気管噴射，最近の一部のエンジンでは比較的早期の筒内直接噴射により行うのに対し，ディーゼルエンジ

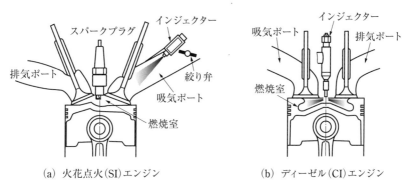

(a)　火花点火(SI)エンジン　　　　　(b)　ディーゼル(CI)エンジン

図2.6　火花点火エンジンとディーゼルエンジンの基本構造

ンでは上死点近傍での筒内直接噴射により行う。そのため火花点火エンジンでは混合気が均一で典型的な火炎伝播型予混合燃焼の燃焼形態となるのに対し，ディーゼルエンジンでは不均一混合気で拡散燃焼をともなう形態となる。その結果，火花点火エンジンでは出力調整を吸気絞りによる混合気量を変化させる量的調速を行わざるを得ないのに対し，ディーゼルエンジンでは吸気絞りを行わずに燃料噴射量で出力を調整する質的調速を行うことになる。

火花点火エンジンで吸気絞りを行うのは，火炎伝播型予混合燃焼を行うために混合気濃度を量論比（理論混合比）付近に保つ必要があるためであり，その結果，部分負荷では吸排気にともなう損失が増大して熱効率が低下する。さらに，スパークノックを回避するために圧縮比を高くできないことから，負荷にかかわらずディーゼルエンジンよりも理論熱効率が低くなる。

それに対して，ディーゼルエンジンでは部分負荷でも吸気を絞る必要がなく，しかも空気過剰での燃焼となるため，燃焼温度を低く抑えることができ，冷却損失および比熱比低下の抑制による理論熱効率の向上と相まって，正味熱効率の優位性は部分負荷でいっそう大きくなる。

表2.1　火花点火エンジンとディーゼルエンジンの比較

	火花点火（SI）エンジン	ディーゼル（CI）エンジン
点火方法	火花点火	圧縮着火
点火時期制御法	点火時期（電気火花）	燃料噴射時期
燃料供給方法	気化器，吸気管噴射，筒内直接噴射（早期）	筒内直接噴射（上死点近傍）
代表的燃料	ガソリン（低着火性）	軽油，重油（高着火性）
混合気	均一	不均一
燃焼形態	予混合燃焼	予混合 + 拡散燃焼
出力調整方法	混合気量（量的調速）	燃料噴射量（質的調速）
吸気絞り	必要	不要
混合気濃度	量論比	希薄〜弱希薄
圧縮比	6〜14	12〜23
熱効率	低	高
課題	スパークノック，高効率化	排気エミッション
排気後処理対策	三元触媒	尿素 SCR，NO_x 吸蔵還元，DPF

一方，火花点火エンジンでは量論混合比燃焼を行うことから排気に酸素がほとんど含まれないため，三元触媒による排気浄化が可能である利点を有する。それに対して，空気過剰で燃焼を行うディーゼルエンジンでは排気に余剰の酸素が含まれるため，NO_x の浄化には選択的還元触媒（SCR）などが必要となる。また，粒子状物質 PM を多く排出するため，その浄化にはディーゼルパティキュレートフィルター（DPF）など高価な排気処理システムが必要となる。

2.4.2　4サイクルエンジンと2サイクルエンジン

内燃機関は燃焼ごとにシリンダー内ガスを新気に交換する必要があるが，その方法により4サイクルエンジンと2サイクルエンジンに分類される。詳細については第9章で解説するが，特徴を比較すると表2.2のようになる。

（1）4サイクルエンジンの各行程と *P−V* 線図

4サイクルエンジンは図2.7に示すとおり，サイクルが4つの行程（吸気，圧縮，膨張，排気）で構成される。その特徴は以下のとおりである。

①　吸気行程（intake stroke）は，前サイクルの排気行程が終了する上死点付近から吸気弁（intake valve）が開き始め，ピストンの下降により新気（外気）を取り込む行程である。過給を行わない自然吸気の場合には，絞り弁全開の場合でも吸気弁などの抵抗があるため，行程容積の 80〜90％ 程度の新気吸

表2.2　4サイクルエンジンと2サイクルエンジンの比較

	4サイクル	2サイクル
行程数	4ストローク	2ストローク
吸排気方式	吸・排気バルブ	給・排気ポート
爆発回数	2回転に1回	1回転に1回
潤滑方式	強制潤滑	主に混合潤滑
未燃損失	少ない	多い
熱効率	高い	低い
比出力	低い	高い
部品数	多い	少ない
使用用途	全分野	小型汎用，大型舶用

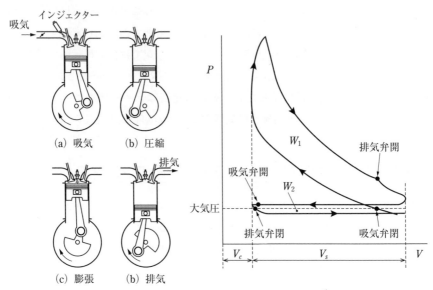

図 2.7　4 サイクルエンジンの動作と P-V 線図 [3)]

入に留まる。最近では過給エンジンが増加しており，過給圧力が大気圧力の2 倍を超えるものもあって吸入空気量の増加が可能になり，比出力の増加・エンジンのダウンサイジングに大きく貢献している。

② 　圧縮行程では，吸・排気弁を閉じた状態で下死点付近から上死点付近まで急速圧縮を行う。シリンダー内ガスは大部分が新気であるが，すきま容積に残った前サイクルのガス（残留ガス）も含まれる。シリンダー内ガスは，圧縮にともない温度上昇するが，シリンダー壁温との関係で熱の出入りがある。しかし，急速圧縮であるため，終始断熱圧縮に近い過程で温度および圧力が上昇する。この際，比較的大きな圧縮仕事が必要であるが，それはフライホイールに蓄えられた前サイクルの仕事や他のシリンダーで得られた仕事によって行われる。

③ 　燃焼は膨張行程が始まる上死点前後の短い時間で行われ，発生した熱は大部分がシリンダー内ガスの内部エネルギーの増加となる。膨張行程はこれらの内部エネルギーを仕事に変換する行程となる。シリンダー内ガスは燃焼室壁面に比べてはるかに高温であるため冷却損失が避けられないが，比較的断

熱膨張に近い過程で仕事に変換される。下死点に近づいてもシリンダー内ガスの圧力および温度は高く内部エネルギーを有しているが，スムーズな排気を行うために下死点に至る前に排気弁を開放して，大気圧力に近いところまで減圧させる（この現象をブローダウンと言う）。

④　排気行程では，排気弁を開けたままピストンを上昇させて排気を外部に押し出すことになる。この過程での圧力は，排気系の抵抗のため大気圧力よりも若干高い圧力で経過する。一般的に排気行程の圧力は吸気行程の圧力よりも高いため，P-V 線図上で反時計回りに面積が生じるが，これは負の仕事であり吸排気損失と呼ばれている（図 3.8 参照）。排気ターボ過給エンジンでは，吸気圧力が排気圧力よりも高くなることがあり，P-V 線図上で時計回りとなって正の仕事が得られることもある。

(2) 2サイクルエンジンの各行程と P-V 線図

2サイクルエンジンは図 2.8（a）に示すとおり，1サイクルが2つの行程（圧縮，膨張）となっており，ガスの交換は吸・排気行程を経ずに膨張行程終盤の下死点付近で行われる。

図 2.8（b）は P-V 線図の一例である。図にはシリンダー内ガス圧力（実線）に加えて，クランク室内圧力（破線）も示している。

①　圧縮行程ではピストンの上昇により掃気ポートが閉じた付近からクランク室は負圧になり，給気ポートが開いた時点で給気が可能となる。すなわち，燃焼室（シリンダー）内の圧縮とクランク室への給気が同時に行われる。

②　膨張行程になるとピストンの下降にともなってクランク室内混合気は圧縮され圧力は上昇する。一方，シリンダー下方側面にあいている排気ポートまでピストンが下降すると，燃焼室内ガスはブローダウンを起こして燃焼室内圧力が急減する。さらにピストンが降下してクランク室と燃焼室をつないでいる掃気ポートまで下がった時点では，クランク室内混合気圧力は燃焼室内ガス圧力よりも高くなっているため，燃焼室内に流入して，燃焼ガスを追い出し混合気と入れ替わる掃気という現象が起こる。このように膨張行程末期には新気導入と排気（掃気）が同時に行われることになる。

このような掃気方法で燃焼ガスを完全に新気に交換できれば，毎回爆発できる2サイクルエンジンは同一行程容積の4サイクルエンジンに比べて2倍の出力を

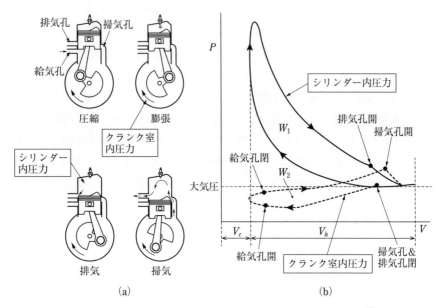

図 2.8 2サイクルエンジン（クロス掃気式）の動作と P–V 線図[3]

発生できることになる。しかし，燃焼室内に残留するガスが多いのと同時に，新気がそのまま排気ポートから抜けてしまう吹き抜けが生ずるため，それほどの出力が得られない。そのうえ，未燃炭化水素が多くなり，熱効率も低くなる。

　2サイクルエンジンは，動弁系が不要になるなど，構造が簡単になることに加えて比出力が高くなる可能性があることから小型オートバイなどのガソリンエンジンに多用されてきた。しかし，排気の清浄性や熱効率の面で4サイクルエンジンに劣るため，現在では刈払い機やチェーンソーなどのごく小型の機器に用いられるのみとなっている。

　一方，もっとも大型の舶用エンジンには2サイクルのディーゼルエンジンが採用されている。この大型低速2サイクルディーゼルエンジンの多くは，ロングストローク化が可能で，掃気効率が高くでき，冷却損失も少ないことから正味熱効率が50％を超えており，熱機関としては最高の熱効率を達成している。なお，この場合の掃気はクランク室内圧力を用いずに，別途補機エンジンで駆動されるコンプレッサーで行われる。

●参考文献

1) 渡辺ほか：自動車整備の基礎Ⅰ，基礎編，東京電機大学出版局（1990）

2) コトバンク；クランク軸，https://kotobank.jp/word/ クランク軸-56633

3) 五味；内燃機関，朝倉書店（1985）

第3章
サイクルおよび出力

3.1　完全ガスサイクル

　内燃機関のシリンダー内では，4サイクルエンジンを例にすると吸気→圧縮→膨張→排気の各行程間に，非定常かつ不均一の乱流場で熱移動や化学反応が起こっていて現象は極めて複雑である。近年，コンピューターの大型・高速化によって，これらの現象を詳細に数値解析できるようになってきたが，ここでは，それらの現象を単純化するために，作動ガスを比熱（specific heat）が変化しない完全ガス（perfect gas）の空気とした場合について理論解析を行う。

3.1.1　サイクルにおける仮定

　完全ガスサイクルの計算では，次の仮定のもとで理論計算を行うのが一般的である。
① 作動ガスは完全ガスの空気（比熱比 1.4）で状態方程式に従い，比熱および比熱比は温度が変化しても一定である。
② 熱は外部から定容または定圧のもとで供給され，放熱は膨張行程の後，下死点で定容のもとで行われる。
③ 吸・排気にともなう損失および作動ガスの漏れはないものとする。
④ 作動ガスとシリンダー壁間に熱移動がなく，圧縮・膨張は断熱変化として取り扱う。

3.1.2 サバティサイクル（二段燃焼サイクル）

内燃機関の代表的サイクルには，ガソリンエンジンの基本とされているオットーサイクル（Otto cycle）と，ディーゼルエンジンの基本とされているディーゼルサイクル（Diesel cycle）がある。しかし，実サイクルの $P-V$ 線図は，図 3.1 (a) のようになっており，理論サイクルとはかけ離れている。このことから，図 3.1 (b) に示すように両サイクルを複合したサバティサイクル（Sabathe cycle）として理論解析を行うほうが現実に即している。

(1) 各行程における圧力・温度

①圧縮行程（[1]→[2]）

この行程は断熱のもとで行われ，圧縮行程終了時の圧力 P_2 および温度 T_2 は，初期圧力 P_1，初期温度 T_1 とすると，ポアソンの法則（Poisson's law）から，

$$P_2 = \varepsilon^\kappa P_1 \quad , \quad T_2 = \varepsilon^{\kappa-1} T_1 \tag{3.1}$$

κ：比熱比（ratio of specific heat，空気の場合 1.4）

となる。なお，ε は圧縮比であり，次式で求められる。

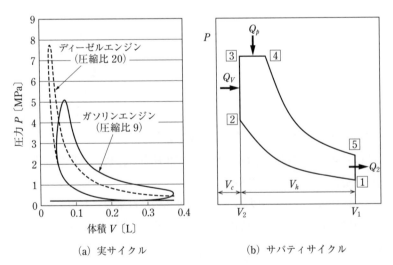

(a) 実サイクル　　　　　(b) サバティサイクル

図 3.1　実サイクルの $P-V$ 線図とサバティサイクル

$$\varepsilon = \frac{V_1}{V_2} = \frac{V_c + V_h}{V_c} \tag{3.2}$$

ここで，V_c は上死点におけるすきま容積，V_h は上死点から下死点に移動する際の容積で，行程容積（排気量）と言う。

②定容受熱（$\boxed{2} \rightarrow \boxed{3}$）

定容受熱では瞬間的に熱が入るが，この場合の熱量は次式で与えられる。

$$Q_v = mc_v(T_3 - T_2) \; \text{〔kJ〕} \tag{3.3}$$

m：作動ガス質量〔kg〕，c_v：空気の定容比熱 $0.716\,\text{kJ/(kg·K)}$

したがって，T_3 は次のように書き換えることができる。

$$T_3 = \frac{Q_v}{mc_v} + T_2 \; \text{〔K〕} \tag{3.4}$$

なお，$\sigma = P_3/P_2$ は爆発比（degree of expansion）と言われており，定容変化であるから次のように求めることができる。

$$\sigma = \frac{P_3}{P_2} = \frac{T_3}{T_2} \tag{3.5}$$

したがって，P_3，T_3 は次式で示すことができる。

$$P_3 = P_2\sigma = \sigma\varepsilon^\kappa P_1 \quad , \quad T_3 = T_2\sigma = \sigma\varepsilon^{\kappa-1} T_1 \tag{3.6}$$

③定圧受熱（$\boxed{3} \rightarrow \boxed{4}$）

定圧受熱は，熱供給をピストンの下降時に圧力が一定になるようにして行うもので，この場合の熱量と温度の関係は，次式のように表される。

$$Q_p = mc_p(T_4 - T_3) \; \text{〔kJ〕} \tag{3.7}$$

c_p：空気の定圧比熱 $1.01\,\text{kJ/(kg·K)}$

また，式（3.7）を変形すると，

$$T_4 = \frac{Q_p}{mc_p} + T_3 \; \text{〔K〕} \tag{3.8}$$

となる。なお，$\rho = V_4/V_3$ は締切比（cutoff ratio）と言われており，定圧変化であるから，

$$\rho = \frac{V_4}{V_3} = \frac{T_4}{T_3} \tag{3.9}$$

として求めることができる。したがって，P_4，T_4 は次式で示すことができる。

$$P_4 = P_3 = \sigma \varepsilon^\kappa P_1 \quad , \quad T_4 = \rho T_3 = \sigma \rho \varepsilon^{\kappa-1} T_1 \tag{3.10}$$

④膨張行程（[4]→[5]）

　高温・高圧になったガスが断熱のもとでピストンを押し下げる行程で，膨張後のガスの状態量は，圧縮時と同様にポアソンの法則から次式で与えられる。

$$P_4 V_4^\kappa = P_5 V_5^\kappa \quad , \quad T_4 V_4^{\kappa-1} = T_5 V_5^{\kappa-1} \tag{3.11}$$

ここで，$V_3 = V_2$，$V_5 = V_1$ であるから，

$$\frac{V_4}{V_5} = \frac{V_4}{V_3} \cdot \frac{V_3}{V_5} = \frac{\rho}{\varepsilon} \tag{3.12}$$

となり，P_5，T_5 は次式のように書き換えることができる。

$$P_5 = P_4 \left(\frac{\rho}{\varepsilon} \right)^\kappa = \sigma \rho^\kappa P_1 \quad , \quad T_5 = T_4 \left(\frac{\rho}{\varepsilon} \right)^{\kappa-1} = \sigma \rho^\kappa T_1 \tag{3.13}$$

⑤放熱（[5]→[1]）

　放熱は，定容のもとで外部の低熱源に対して一瞬で行われるものとしており，その熱量は次式で示される。

$$Q_2 = m c_v (T_5 - T_1) \ \text{〔kJ〕} \tag{3.14}$$

(2) 理論熱効率（theoretical thermal efficiency）

　いかなるサイクルでも1サイクルの仕事 W は，サイクルに入った熱を Q_{in}，出た熱を Q_{out} とすると，熱力学の第一法則から次式で与えられる。

$$W = Q_{in} - Q_{out} \tag{3.15}$$

　理論熱効率 η_{th} は入熱 Q_{in} に対する理論仕事 W_{th} の比であるから，次式で与えられる。

$$\eta_{th} = \frac{W_{th}}{Q_{in}} = 1 - \frac{Q_{out}}{Q_{in}} \tag{3.16}$$

　式（3.16）に $Q_{in} = Q_v + Q_p$ および $Q_{out} = Q_2$ を代入し，熱量を温度で示すと，サバティサイクルの熱効率 η_{ths} は，

$$\eta_{ths} = 1 - \frac{Q_2}{Q_v + Q_p} = 1 - \frac{c_v (T_5 - T_1)}{c_v (T_3 - T_2) + c_p (T_4 - T_3)} \tag{3.17}$$

となる。この式の各行程温度を T_1 で表示した式（3.1），（3.6），（3.10），（3.13）を用い，圧縮比 ε，比熱比 κ，爆発比 σ，締切比 ρ を用いて書き換えると次式が得られる。

$$\eta_{ths} = 1 - \frac{1}{\varepsilon^{\kappa-1}} \cdot \frac{\rho^{\kappa}\sigma - 1}{\sigma - 1 + \kappa\sigma(\rho - 1)} \tag{3.18}$$

(3) 理論平均有効圧力（theoretical mean effective pressure）

P–V 線図上で，各行程で囲まれた面積は1サイクル当たりの仕事量を示しており，当然この面積（仕事量）はエンジンの行程容積 V_h によって変化する。そこで，1サイクル当たりの理論仕事 W_{th}〔J〕を行程容積 V_h〔m³〕で除した値を理論平均有効圧力 P_{mth} と定義しており，次式で算出できる。この値は，行程容積および回転速度に対して正規化した出力評価の指標として用いられている。

$$P_{mth} = \frac{W_{th}}{V_h} \text{〔Pa〕} \tag{3.19}$$

なお，サバティサイクルの理論平均有効圧力 P_{mths} も各行程の温度や圧縮比を用いて以下のとおり数式化できる。

$$P_{mths} = \frac{P_1}{(\kappa-1)(\varepsilon-1)} \left[\varepsilon^{\kappa}\{(\sigma-1) + \kappa\sigma(\rho-1)\} \right.$$
$$\left. -\varepsilon(\sigma\rho^{\kappa} - 1) \right] \text{〔Pa〕} \tag{3.20}$$

多くの変数を含み複雑であるが，オットーサイクルやディーゼルサイクルの特性を知る際に活用できる。

3.1.3　オットーサイクル（定容燃焼サイクル）

サバティサイクルにおいて，締切比 $\rho = 1$，すなわち $Q_p = 0$ とすると，P–V 線図は図3.2のように定容受熱のオットーサイクルとなる。オットーサイクルの熱効率は，式（3.17）および式（3.18）において，$T_4 = T_3$ あるいは $\rho = 1$ として次のように求めることができる。

$$\eta_{ths} = 1 - \frac{T_5 - T_1}{T_3 - T_2} = 1 - \frac{\sigma T_1 - T_1}{\sigma\varepsilon^{\kappa-1}T_1 - \varepsilon^{\kappa-1}T_1} = 1 - \frac{1}{\varepsilon^{\kappa-1}} \tag{3.21}$$

式（3.21）から，オットーサイクルの理論熱効率は，図3.3に示すように圧縮比が高くなるほど向上することがわかる。図には特殊な燃料を用いてスパークノックを抑えながら，ガソリンエンジンの圧縮比を変更した場合の図示熱効率および正味熱効率の実測値が示されており，この実験では正味熱効率は圧縮比18

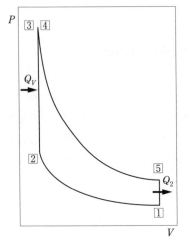

図3.2 オットーサイクルのP-V線図

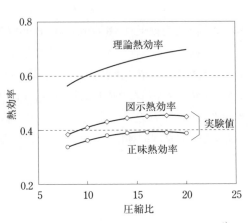

図3.3 オットーサイクルの圧縮比と熱効率 [1)]

程度で最大となっている。

通常の燃料では，圧縮比を高くした場合にスパークノックという異常燃焼が起こるため，これまでは圧縮比 10〜12 程度に抑えられていたが，最近，噴霧の気化熱，あるいは残留ガスを減少させるなどで耐ノック性の高いエンジンが開発され，ガソリンエンジンでありながら圧縮比を 14 程度まで高めることに成功している。また，スパークノックの発生しづらい低負荷では圧縮比を高め，負荷によって圧縮比を制御する可変圧縮比エンジンも実用化されている。

3.1.4 ディーゼルサイクル（定圧燃焼サイクル）

サバティサイクルにおいて，$Q_v=0$，すなわち爆発比 $\sigma=1$ の場合にディーゼルサイクルとなる。その結果，P-V 線図は図3.4のようになり，熱効率は式(3.17)および式 (3.18) において $T_3=T_2$ あるいは $\sigma=1$ とした場合に相当するので，

$$\eta_{thD} = 1 - \frac{c_v(T_5-T_1)}{c_p(T_4-T_3)} = 1 - \frac{\rho^\kappa T_1 - T_1}{\kappa(\rho\varepsilon^{\kappa-1}T_1 - \varepsilon^{\kappa-1}T_1)}$$

$$= 1 - \frac{1}{\varepsilon^{\kappa-1}} \cdot \frac{\rho^\kappa - 1}{\kappa(\rho-1)} \tag{3.22}$$

となる。ここで式 (3.22) の $(\rho^\kappa-1)/(\kappa(\rho-1))$ は常に 1 より大きくなることから，圧縮比 ε が同一の場合には，ディーゼルサイクルよりもオットーサイクルの熱効率のほうが高くなることがわかる。図 3.5 はそのことを示したもので，同一圧縮比の場合，ディーゼルサイクル，サバティサイクル，オットーサイクルの順に熱効率が向上するが，最高圧力を一定とした場合には，ディーゼルサイクルのほうが圧縮比を高くできるため，その順序は逆転する。なお，実際のディーゼルエンジンの熱効率が高いのは，スパークノックのような異常燃焼が起こらないために圧縮比を高くできること，空気過剰での運転が可能であり燃焼温度が低く冷却損失が少ないこと，さらに完全ガスサイクルに近いために比熱比が大きいことも影響している。

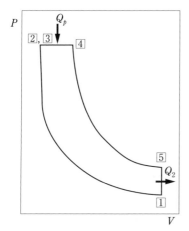

図 3.4　ディーゼルサイクルの P–V 線図

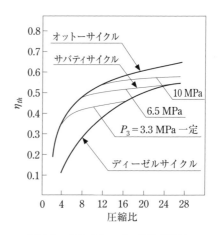

図 3.5　各サイクルでの熱効率比較

表 3.1　各サイクルの圧力および温度の計算式

	圧力			温度		
	サバティ	オットー	ディーゼル	サバティ	オットー	ディーゼル
①	P_1	P_1	P_1	T_1	T_1	T_1
②	$\varepsilon^\kappa P_1$	$\varepsilon^\kappa P_1$	$\varepsilon^\kappa P_1$	$\varepsilon^{\kappa-1} T_1$	$\varepsilon^{\kappa-1} T_1$	$\varepsilon^{\kappa-1} T_1$
③	$\sigma\varepsilon^\kappa P_1$	$\sigma\varepsilon^\kappa P_1$	同上	$\sigma\varepsilon^{\kappa-1} T_1$	$\sigma\varepsilon^{\kappa-1} T_1$	同上
④	同上	同上	同上	$\sigma\rho\varepsilon^{\kappa-1} T_1$	同上	$\rho\varepsilon^{\kappa-1} T_1$
⑤	$\sigma\rho^\kappa P_1$	σP_1	$\rho^\kappa P_1$	$\sigma\rho^\kappa T_1$	σT_1	$\rho^\kappa T_1$

ただし，$\sigma = P_3/P_2$，$\rho = V_4/V_3$

3.1.5　各サイクルでの圧力および温度のまとめ

　サバティサイクル，オットーサイクルおよびディーゼルサイクルの各点での圧力，温度を初期圧力 P_1，初期温度 T_1 を用いて整理すると，表 3.1 のようになる。

3.2　燃料・空気サイクル

　完全ガスサイクルは，現実とはかけ離れた仮定のもとで算出されており，実現不可能な高い熱効率および平均有効圧力を示すことになる。そこで本節では，より実際に近い状態を把握するため，作動流体が混合気や燃焼ガスであるとした場合のサイクルである燃料・空気サイクルについて見ていくことにする。

3.2.1　サイクルにおける仮定

　燃料・空気サイクルでは，3.1.1 項で述べた完全ガスサイクルにおける②〜④の仮定は同様であるが，作動ガスの扱いが次のように異なっている。

① 　完全ガスサイクルでの作動ガスは空気のみであったが，燃料・空気サイクルの場合，圧縮行程での作動ガスは新気，燃料蒸気および残留ガス（residual gas）の混合ガスとして，受熱および膨張行程での作動ガスは燃焼生成ガスとして計算を行う。一方，完全ガスサイクルと同様に燃焼によって発生した熱は瞬時に供給されるものとする。

② 　作動ガスは温度や化学反応にともない物性値が変化する半完全ガス（semi-perfect gas）として扱うことから，温度の上昇とともに比熱は増加し比熱比は減少する。この場合の各ガスの比熱は温度の関数で与えられており，次式のような関数式が利用されている。

$$\frac{C_p}{R} = a_1 + a_2\,T + a_3\,T^2 + a_4\,T^3 + a_5\,T^4 \tag{3.23}$$

　　C_p：定圧モル比熱〔J/(K·mol)〕，R：ガス定数〔J/(K·mol)〕，

　　T ：絶対温度〔K〕

　　なお，各種気体に対する係数 a_1〜a_5 は，UC Berkeley 校が公開している

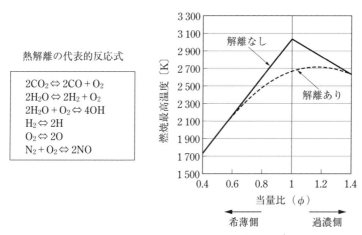

熱解離の代表的反応式

$2CO_2 \Leftrightarrow 2CO + O_2$
$2H_2O \Leftrightarrow 2H_2 + O_2$
$2H_2O + O_2 \Leftrightarrow 4OH$
$H_2 \Leftrightarrow 2H$
$O_2 \Leftrightarrow 2O$
$N_2 + O_2 \Leftrightarrow 2NO$

図 3.6　熱解離反応式と燃焼最高温度の変化[3]

資料[2] に掲載されている。

③　燃焼過程では，温度上昇によってガス分子の原子間結合が維持できなくなり，いわゆる熱解離（thermal dissociation）が起こる。熱解離の割合は図 3.6 に示すような水性ガス反応式等の化学平衡計算で求まり，この結果から燃焼温度が算定できる。この場合，H_2O, CO_2 等の解離は吸熱反応（endothermic reaction）であり，温度が高いほど解離割合が高く，上死点付近での反応熱が減少し，最高温度は熱解離を考慮しなかった場合よりも低下する。このような現象が起こることから，実際のエンジンの最大出力は理論当量比（$\phi = 1$）よりも過濃側に移動する。

④　燃焼後は生成された燃焼ガスの分子数が増加することから，シリンダー内のガス総量の変化を考慮して圧力や温度を算出する。

3.2.2　$P-V$ 線図の比較

燃料・空気サイクルの理論計算は，前述の仮定を考慮しながら求めることになる。図 3.7 は，オットーサイクルを例に完全ガスサイクルと燃料・空気サイクルの $P-V$ 線図および圧力・温度の変化を計算した結果である。

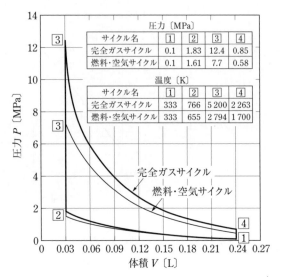

図 3.7 完全ガスサイクルと燃料・空気サイクルの比較[4]

①圧縮行程

　圧縮行程は断熱変化であるが，新気のみならず燃料蒸気および残留ガスの混合ガスを圧縮することになる。その結果，常温においても混合ガスの比熱は空気よりも大きくなるが，さらに温度上昇によっても比熱が増大して比熱比が小さくなり，完全ガスサイクルに比べて圧縮端での温度および圧力は低下する。

②受熱

　燃料・空気サイクルにおける受熱は燃焼熱によるが，この場合の燃焼生成物である二酸化炭素および水蒸気は，シリンダー内ガスの 10 % 以上になることもあり，これらの比熱は空気よりも大きく，さらに温度上昇により増加する。また，先の図 3.6 に示したような熱解離もあり，燃料が有する発熱量に対して実際の発生熱量が減少することから，燃焼後の温度および圧力は完全ガスサイクルに比べて大幅に低下する。

③膨張行程

　膨張行程は断熱的に行われるが，温度低下にともなう燃焼ガスの比熱比の変化を考慮しながら計算を進める必要がある。

④放熱

定容のもとで放熱するが，この間も温度が低下して比熱が変化する。この場合の熱量計算に用いる燃焼ガスの定容比熱は，初期温度と膨張端温度との平均温度に対応した値を用いても問題ない。

⑤熱効率

燃料・空気サイクルの熱効率を求める場合，$P-V$ 線図の各点の温度，圧力，および分子数の変化を考慮してサイクル仕事を求めることもできるが，$P-V$ 線図を作図し，面積から図示仕事を求めて計算することが一般的である。

3.3　実際のサイクル

図 3.8 は，実際のガソリンエンジンの $P-V$ 線図を燃料・空気サイクルと比較したものである。実サイクルは燃料・空気サイクルに比べて最高圧力が低く丸みを帯びた形状になっており，図示仕事が少なくなる。この原因は下記のサイクル損失によるものである。

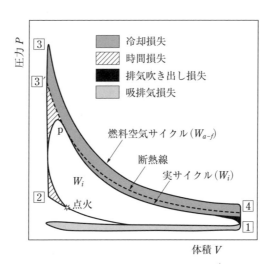

図 3.8　実サイクルにおける各種損失[4]

3.3.1 サイクル損失

　燃料・空気サイクルに比べて実サイクルの図示仕事が減少する主な原因は，図に示した時間損失および冷却損失の存在によるものであるが，そのほかに排気吹き出し損失，不完全燃焼損失，吸排気損失（ポンピングロス）も加わる。なお，吸排気損失の詳細については，3.5.5 項のヒートバランスの項で扱うことにする。

(1) 時間損失と発熱の等容度

　実サイクルでは燃焼に時間を要するため，オットーサイクルの仮定のように瞬時に燃焼は終わらない。例えば，ガソリンエンジンの場合には，点火から燃焼が完了するまでにクランク角度で 30〜50°CA の期間が必要であるため，熱効率を考えると上死点前で点火して圧縮行程から膨張行程での燃焼期間を短縮する必要がある。この場合，図 3.8 に示すように，上死点前で燃焼が始まるためピストンは圧縮圧力よりも高い圧力を受けて上死点に向かうことになる。これによって圧縮行程中の負の仕事が増大するが，この部分が圧縮行程中の時間損失となる。また膨張行程にかけても燃焼が続くため，圧力のピークは上死点後になることから，燃料・空気サイクルよりも圧力が低下する。その結果，実サイクルの膨張行程でのピーク圧力付近（p 点）を通る断熱線を上死点まで延長した線と実サイクルとの間の斜線部分は燃焼に時間がかかるために生じた損失となり，これは膨張行程での時間損失となる。

　この面積（時間損失）は，膨張行程が断熱過程であったとしてもエネルギーバランスでは排気損失（exhaust loss）として失われることになる。言い換えると，燃焼を可能な限り上死点に集中させて，オットーサイクルに近づけることが熱効率の向上に重要であることを意味している。このような，実サイクルのオットーサイクル達成度の評価値として，発熱の等容度（degree of constant volume heat release）が提唱されている。発熱の等容度はオットーサイクルで 1 となり，実際のサイクルではそれよりも必ず小さくなる。なお，等容度の算定方法については 3.3.2 項で詳述する。

(2) 冷却損失

　実際のサイクルでは，燃焼が始まるとガス温度が上昇し，これにともなう熱移動がシリンダーなどの壁面を通して起こる。先の図 3.8 において，実サイクルの最

高圧力点付近を通る断熱線を上死点側に仮想し，上死点との交点を③´とすると，この仮想線および実サイクルの膨張線と燃料・空気サイクルとの差がシリンダー壁を通して外部に捨てられた冷却損失（cooling loss）に比較的近い値となる。

（3）排気吹き出し損失

理論サイクルにおける放熱は，下死点で定容のもとで一瞬に行うと仮定したが，実際のサイクルでは排気を大気中に放出することによって行っている。この場合，排気ガスのもつエネルギーを利用して音速に近いスピードで吹き出すブローダウン（blow-down）が必要で，通常のエンジンでは下死点前 60°CA 付近で排気弁を開き始める。このように排気の放出を効率よく行うことは，新気を効率よく吸入するために不可欠である。その結果，下死点で瞬時に排気を放出する理論サイクルに比べて，図 3.8 に示すように膨張行程後期の部分で不完全膨張にともなう排気吹き出し損失が避けられず，排気損失の増加を招く結果になる。

（4）不完全燃焼損失

現在の内燃機関は通常の運転条件では完全燃焼に近いものの，条件によっては不完全燃焼による損失が無視できなくなる。その良否の指標として，実際に発生した熱量を燃料の発熱量（完全燃焼時の発生熱量）で除した燃焼効率 η_u が用いられている。燃焼効率は定格運転時のディーゼルエンジンでは 99.5% 以上，ガソリンエンジンでは 98% 以上であるが，例えば過負荷（高出力）条件やアイドリング（無負荷）時のガソリンエンジンでは過濃混合気燃焼を行うため，燃焼効率はかなり低下する。また最近，冷却損失低減をねらいとして高 EGR や希薄燃焼が試みられているが，多くの場合に燃焼効率が低下するため，熱効率向上を図るうえで重要な因子になってきている。

3.3.2　インジケータ線図を利用した熱発生率および等容度の算出方法

（1）熱発生率（rate of heat release）とその算定方法

燃焼室内圧力履歴を示すインジケータ線図（indicator diagram）は，周波数応答性の高いエンジン指圧計により高精度に測定することが可能であり，一般には図 3.9 のように P-θ 線図として計測される。これをもとに P-V 線図を描き，図示平均有効圧力や図示熱効率を求めることができるほか，次に示す熱発生率の算

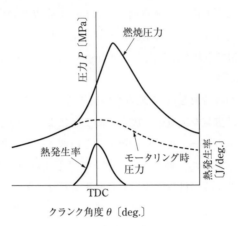

図3.9　P-θ 線図と熱発生率線図

定などにより燃焼状態の診断が可能となる。

　燃焼によってシリンダー内圧力が上昇するが，熱力学の第一法則より，シリンダー内ガスに対しては次式が成り立つ。

$$dQ = dU + PdV = mc_v dT + PdV \tag{3.24}$$

　Q：シリンダー内への入熱量〔J〕　　　　U：作動ガスの内部エネルギー〔J〕
　P：シリンダー内圧力〔Pa〕　　　　　　V：シリンダー内体積〔m^3〕
　c_v：作動ガスの等容比熱〔J/(kg·K)〕　　T：作動ガス温度〔K〕
　m：作動ガス質量〔kg〕　　　　　　　　R：ガス定数〔J/(kg·K)〕
　κ：作動ガスの比熱比

また，マイヤーの関係式より，次式が成り立つ。

$$c_v = \frac{R}{\kappa - 1} \tag{3.25}$$

　なお，比熱を一定として計算すると簡便になるが，実際にはガスが高温になると比熱が著しく増加するため，比熱は式（3.23）のような温度の関数として取り扱うことが多い。

　また，気体の状態方程式 $PV = mRT$ より，両辺を全微分して整理すると，

$$dT = \frac{PdV + VdP}{mR} \tag{3.26}$$

が得られる。

式 (3.24) に式 (3.25)，式 (3.26) を代入すると，

$$dQ = \frac{1}{\kappa-1}(VdP + \kappa PdV) \tag{3.27}$$

となり，クランク角度 θ〔°CA〕当たりの熱発生率は次式で与えられる。

$$\frac{dQ}{d\theta} = \frac{1}{\kappa-1}\left(V\frac{dP}{d\theta} + \kappa P\frac{dV}{d\theta}\right) \tag{3.28}$$

式 (3.28) の圧力上昇率 $dP/d\theta$ は，計測した $P-\theta$ 線図から求めることができ，体積変化率 $dV/d\theta$ はクランク角度の関数で与えられるので，図3.9に示すような熱発生率曲線が算定できる。

なお，式 (3.28) の熱発生率 $dQ/d\theta$ は，燃焼による熱発生から燃焼室壁面への冷却による熱損失 $dQ_w/d\theta$ を除いたものであり，見かけの熱発生率と言われている。

真の熱発生率（$dQ_b/d\theta$，燃焼率とも言う）は次式で求められる。

$$\frac{dQ_b}{d\theta} = \frac{dQ}{d\theta} + \frac{dQ_w}{d\theta} \tag{3.29}$$

燃焼の影響を検討するには，本来 $dQ_b/d\theta$ を用いるべきであるが，$dQ_w/d\theta$ の値を精度良く求めることが困難であることに加えて，燃焼期間中の $dQ/d\theta$ は $dQ_w/d\theta$ よりもはるかに大きいため，多くの場合に見かけの熱発生率 $dQ/d\theta$ が燃焼の評価に使われており，この値が等容度の算出でも用いられることが多い。

(2) 発熱の等容度の算定方法[5]

オットーサイクルの熱効率 $\eta_{th}=1-1/\varepsilon^{\kappa-1}$ が意味するところは，上死点で1の熱が入ると $1/\varepsilon^{\kappa-1}$ は排気損失（放熱損失）になるということであり，圧縮比の低下は排気損失の増加を招くことになるが，上死点から離れて熱が入るのは実質的に圧縮比が低下したのと同等で排気損失が増加する結果になる。3.3.1項で述べた発熱の等容度とは，任意のクランク位置における微小発熱 dQ から得られる理論仕事 $dQ(1-1/\varepsilon_\theta^{\kappa-1})$ の総計と上死点における全発生熱 Q_{in} から得られる理論仕事 $Q_{in}(1-1/\varepsilon^{\kappa-1})$ との比で与えられ，上死点から離れて熱が入ることによる熱効率低下の少なさを示す尺度となる。この場合，図3.10のように，インジケータ線図を2本の断熱線と等容線で囲まれた多数の微小オットーサイクルに分割し求めることになる。

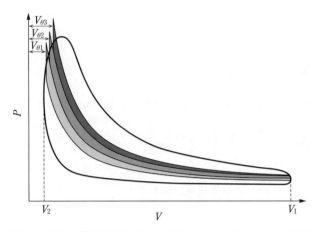

図 3.10 発熱の等容度算定のための微小オットーサイクルへの分割

その微小サイクルの熱効率 $\eta_{th\theta}$ は次式で表される。

$$\eta_{th\theta} = 1 - \frac{1}{\varepsilon_\theta{}^{\kappa-1}} \tag{3.30}$$

ε_θ：微小オットーサイクルの圧縮比 で V_1/V_θ

V_1：下死点でのシリンダー内容積〔m^3〕

V_θ：熱発生時のシリンダー内容積〔m^3〕

熱発生率（1クランク角度当たりの発生熱量〔$\mathrm{kJ/^\circ CA}$〕）を $dQ/d\theta$ とすれば，微小オットーサイクルから得られる全仕事 W は次式となる。

$$W = \oint \eta_{th\theta} \frac{dQ}{d\theta}\, d\theta \tag{3.31}$$

発熱の等容度 η_{glh} は，式（3.31）による全仕事 W とオットーサイクルの理論仕事 $\eta_{th}Q$ との比として，次式で与えられる。

$$\eta_{glh} = \frac{1}{\eta_{th}Q} \oint \eta_{th\theta} \frac{dQ}{d\theta}\, d\theta \tag{3.32}$$

熱効率の向上には燃焼を上死点付近に集中させることで発熱の等容度を向上させて排気損失を低減することが有効であるが，一方で燃焼温度の上昇による冷却損失および窒素酸化物の増加，さらには急激な圧力上昇による騒音の増大が背反的に制約となる。

なお，式（3.31）および式（3.32）で $dQ/d\theta$ の代わりに $dQ_b/d\theta$ を用いて求めたものを燃焼の等容度（degree of constant volume combustion），$dQ_w/d\theta$ を用いて求めたものを冷却の等容度（degree of constant volume cooling loss）と呼ぶ。冷却の等容度は値が大きいほど熱効率の低下が大きいことになるが，この値から，燃焼が行われる上死点付近で冷却を受ける場合と，膨張行程後半などで冷却される場合で，前者のほうが熱効率への影響が大きくなることなどの評価が可能になる。

3.3.3　図示熱効率および線図係数

(1) 図示熱効率（indicated thermal efficiency）

実サイクルの図示仕事（indicated work）は，種々のサイクル損失によって燃料・空気サイクルに比べて減少するが，その指標として実サイクルの図示仕事 W_i を供給熱量 Q_{in} で除して求められる図示熱効率 η_i が用いられる。

$$\eta_i = \frac{W_i}{Q_{in}} \tag{3.33}$$

ガソリンエンジンの場合，最近圧縮比を高くできるようになったことから，絞り弁全開の希薄燃焼時における図示熱効率は 45％程度に達しており，ディーゼルエンジンでは広い運転条件範囲で 50％を超えるものも見られるようになった。

(2) 線図係数（diagram factor）

燃料・空気サイクルで得られた理論熱効率は，実現可能な最高の熱効率と考えることができ，この効率に対する実際のエンジンの熱効率達成度を比較するために線図係数 η_g が定義されている。すなわち，線図係数は図 3.8 に示した図示仕事 W_i と燃料・空気サイクルの理論仕事 W_{a-f} の比であり，図示熱効率および理論熱効率等との関係は次のようになる。

$$\eta_g = \frac{W_i}{W_{a-f}} = \frac{\eta_i}{\eta_{a-f}} \tag{3.34}$$

標準的ガソリンエンジンの線図係数は 85％程度になっており，図示熱効率は燃料・空気サイクルで計算した理論熱効率にかなり近いものとなっている。

3.3.4 正味熱効率および機械効率

(1) 正味熱効率

　燃焼により発生した圧力がピストンを押し下げる仕事は，P–V 線図で示される図示仕事である。しかし，実際に動力として利用できる仕事は，図 3.11 に示すように，ピストン，ピストンリング，および回転部の軸受等での摩擦損失が存在するために，図示仕事 W_i から摩擦損失 W_f を引いた正味仕事 W_e となる。その指標となる正味熱効率 η_e は次式で示される。

$$\eta_e = \frac{W_i - W_f}{Q_{in}} = \frac{W_e}{Q_{in}} \tag{3.35}$$

　なお，正味熱効率はガソリンエンジンの場合，30%程度であったが，最近の高圧縮比化や摩擦低減技術等によりかなり改善され，35〜40%程度まで向上している。また，ディーゼルエンジンにおいても改善が進み，40〜45%になっている。

(2) 機械効率

　図示仕事に対する正味仕事の比はエンジンの設計条件や負荷条件で異なるが，この比を機械効率 η_m と定義しており，次式で示される。

$$\eta_m = \frac{W_e}{W_i} = \frac{\eta_e}{\eta_i} \tag{3.36}$$

　近年，ピストンリングや回転部慣性力の減少により摩擦損失が改善され，全負荷では85〜90%の機械効率が得られるようになっている。

(3) 燃料消費率と正味熱効率の関係

　正味熱効率は，以下に示すように正味燃料消費率（B_e，BSFC：brake specific fuel consumption）から算定することができる。

　燃料消費率は 1 kW の出力を得るために消費される 1 時間当たりの燃料流量〔g/h〕であり，次式で示される。

$$B_e = \frac{m_f}{N_e} \ \ 〔\mathrm{g/(kW \cdot h)}〕 \tag{3.37}$$

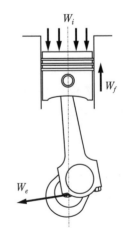

図 3.11　図示仕事と正味仕事

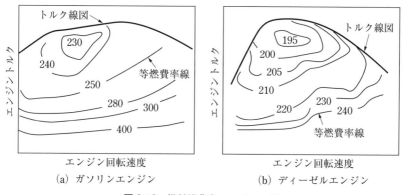

図 3.12　燃料消費率マップの一例

m_f：燃料流量〔g/h〕，N_e：正味出力〔kW＝kJ/s〕

　一方，燃料の低発熱量（3.3.1 項参照）を H_u（＝44 kJ/g）とすれば，正味熱効率 η_e は，正味出力 N_e を供給熱量 Q_{in} で除した値であり，供給熱量 Q_{in} は消費燃料量と発熱量の積であるから，

$$\eta_e = \frac{N_e}{Q_{in}} = \frac{N_e}{\dfrac{m_f}{3\,600} \cdot H_u} = 81.8 \cdot \frac{N_e}{m_f} = \frac{81.8}{B_e} \tag{3.38}$$

となり，燃費率 B_e から正味熱効率を算出できる。正味熱効率は燃料消費率に反比例し，燃料消費率が小さいほど熱効率の高いエンジンと言える。

　図 3.12 は，ガソリンエンジンとディーゼルエンジンの燃料消費率マップの一例である。図に示すように，燃料消費率は低速域の全負荷より少し低い負荷で最良となり，低負荷・高回転速度側で悪化する傾向にある。この傾向は両エンジンとも同様であるが，低負荷ではディーゼルエンジンの優位性が明らかである。

3.4 出力の算出

3.4.1 平均有効圧力からの算出

(1) 図示平均有効圧力

理論平均有効圧力と同様に，1サイクルで得られた図示仕事を行程体積で除した値を図示平均有効圧力 P_{mi}（IMEP：indicated mean effective pressure）と言う。

$$P_{mi} = \frac{W_i}{V_h} \text{ (Pa)} \tag{3.39}$$

先の 3.1.2 項（3）と同様，図示平均有効圧力は，回転速度およびエンジンサイズが未知でも出力状態を知ることができる指標である。

(2) 正味平均有効圧力

前述のように図示平均有効圧力の考え方を正味仕事 W_e にも適用し，正味仕事を行程容積で除した値を正味平均有効圧力 P_{me}（BMEP：brake mean effective pressure）として，正味出力の指標に用いている。

$$P_{me} = \frac{W_e}{V_h} \text{ (Pa)} \tag{3.40}$$

なお，サイクル当たりの正味仕事 W_e は，3.4.2 項に述べる正味出力 N_e あるいはトルク T の実測値から求めることになるが，これらと正味平均有効圧力の関係については，3.4.2 項（3）で取り扱うことにする。

(3) 正味出力の推定

エンジンの設計を行う場合に，設計したエンジンの予想出力を求める必要があるが，この場合，過去のエンジンの正味平均有効圧力 P_{me}〔N/m^2〕を利用して次式から推算できる。すなわち，ピストンを押す力 F〔N〕は，

$$F = P_{me} \times \text{受圧面積} = P_{me} \cdot \frac{\pi D^2}{4} \text{ (N)} \tag{3.41}$$

であり，1サイクルの仕事 W〔J〕は，力 F〔N〕とピストンの変位，すなわちストローク S の積になるから，

$$W = F \cdot S \text{ (J)} \tag{3.42}$$

となる。正味出力 N_e〔J/s＝W〕は，単位時間当たりの仕事であり，毎秒の仕事

回数は $n \cdot i/60$ であるから，単気筒エンジンの場合，

$$N_e = P_{me} \cdot \frac{\pi}{4} \cdot D^2 \cdot S \cdot \frac{n}{60} \cdot i$$

$$= P_{me} \cdot V_h \cdot \frac{n}{60} \cdot i \ \text{〔W〕} \tag{3.43}$$

P_{me}：正味平均有効圧力〔Pa〕，D：ボア〔m〕，

n：エンジン回転速度〔rpm〕，S：ストローク〔m〕，

i：仕事回数（2サイクルは $i=1$，4サイクルは $i=1/2$）

となる。なお，最近の自動車用エンジンの最大正味平均有効圧力は，過給機の改善もあって，過給機付きガソリンエンジンでは 2.0〜2.5 MPa，過給機付き大型ディーゼルエンジンでは 1.7〜2.3 MPa 程度で，乗用車用ディーゼルでは 3.0 MPa に近いエンジンもある。

3.4.2 出力の計測

完成したエンジンの出力測定には，負荷吸収の制御とトルク測定が可能な動力計と呼ばれる装置を利用している。なお，出力の単位として馬力〔PS〕があるが，これは蒸気機関を発明したワットが定義したもので，それが今日の出力評価の基準となっている。

（1）馬力の定義

ワットは，自分の作った蒸気機関の性能を馬の頭数と比較することにより機関の価格を決めることを思いつき，一頭の馬の仕事量，1馬力を次のように定義した。

図 3.13 のように，半径 $R=12$ ft の円を描いて馬が旋回した場合，馬の平均的な連続牽引力は 175 lbf で，回転数は 1 分間に 2.5 回程度であった。したがって，移動速度 v は $v=2\pi Rn/60=3.14$ ft/s となり，力×速度から 1 馬力 = 550 ft·lbf/s と定義した。単位換算すると 1 馬力 = 75 kgf·m/s = 735.5 W となる。なお，SI 単位系では馬力〔PS〕は認められておらず，出力の単位にはワット〔W〕を用いることになっている。

（2）動力計の原理

回転速度が速い実際のエンジンの場合，ワットが考えたような測定方法は困難であり，新たな動力測定方法が必要となった。それが動力計で，その原理を摩擦

動力計を例に解説する。図3.14において，エンジン出力軸に直結した回転円盤（ローター）は上下2枚の摩擦板で挟まれており，負荷は蝶ねじの締付け力，すなわち摩擦力fで調整できるようになっている。仮にn〔rpm〕のもとでf〔N〕の摩擦力がドラムに生じたとすると，1回転当たりの摩擦仕事Wは力×距離であるから，

$$W = f \cdot 2\pi r \ \text{〔N·m〕} \tag{3.44}$$

となる。しかし摩擦力fを直接測定するのは困難であるため，モーメントの平衡を利用して図の腕と台秤にかかる回転子反力から求めることになる。すなわち，

$$f \cdot r = F \cdot R \tag{3.45}$$

F：反力〔N〕，R：腕の長さ〔m〕

となるから，出力N_eは，

$$N_e = f \cdot 2\pi r \cdot \frac{n}{60} = F \cdot 2\pi R \cdot \frac{n}{60} \ \text{〔W〕} \tag{3.46}$$

となる。ここで，回転体によって発生した反力Fと腕の長さRの積はトルクTと呼ばれるもので，

$$T = F \cdot R \ \text{〔N·m〕} \tag{3.47}$$

として示される。一方，$2\pi n/60$は角速度ωであるから，エンジン出力は，

$$N_e = F \cdot 2\pi R \cdot \frac{n}{60} = T \cdot \omega \ \text{〔W〕} \tag{3.48}$$

と表すことができる。

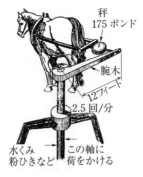

図3.13 ワットが決めた馬力の定義[6]

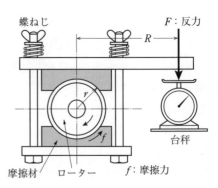

図3.14 動力計の基本原理

なお，現在利用されている動力計には，負荷吸収を電気的負荷で行う電気動力計や水のかくはん抵抗で行う水動力計などがある。水動力計は低価格・小型で比較的大出力を吸収できるが，負荷制御の安定性に弱点がある。価格が高いが，精度の高い測定やモード運転を行う場合には，電気動力計や渦流式電気動力計などが使われている。

(3) 正味平均有効圧力の算出方法

エンジンのカタログ諸元を見ると，そのエンジンの最大トルクと最大出力が回転速度とともに記載されている。これらの値から次のようにして正味平均有効圧力が算出できる。

①最大出力点での正味平均有効圧力

正味仕事 W_e〔N·m〕と出力 N_e〔W〕の関係は，回転速度を n〔rpm〕とすると，

$$N_e = W_e \cdot \frac{n}{60} \cdot i \ \text{〔W〕} \tag{3.49}$$

となる。ここで，i は回転当たりの仕事回数で，2サイクルは $i=1$，4サイクルは $i=1/2$ であるので，行程容積 V_h〔m³〕とすると P_{me} は，

$$P_{me} = \frac{W_e}{V_h} = \frac{60N_e}{V_h \cdot n \cdot i} \ \text{〔Pa〕} \tag{3.50}$$

となる。

②最大トルク点での正味平均有効圧力

式（3.47），式（3.48）および式（3.50）から，トルク T〔N·m〕と正味平均有効圧力 P_{me} の関係式は，

$$P_{me} = \frac{2\pi T}{V_h \cdot i} \ \text{〔Pa〕} \tag{3.51}$$

となり，トルクが表示されていれば正味平均有効圧力を算出できる。通常のエンジンの場合，最大トルク点での P_{me} のほうが最大出力点の P_{me} より高い値となる。

3.5 ヒートバランス

本節では，供給エネルギーに対する正味仕事割合と各損失の割合，すなわちヒー

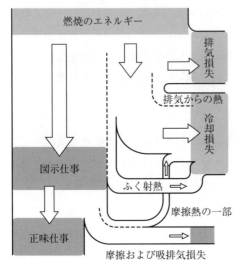

	ガソリン エンジン	ディーゼル エンジン
排気損失	30～35%	30～33%
冷却損失	30～35%	25～30%
摩擦損失および 吸排気損失	5～7%	5～7%
正味仕事	30～38%	35～43%

図 3.15 エンジンでのヒートバランスと各種損失割合

トバランスについて解説する。図 3.15 に示すように，供給エネルギーは，最終的には，正味仕事，未燃損失，冷却損失，排気損失，摩擦損失，吸排気損失に消費される。なお，通常運転での未燃損失は少ないことから，ここではそれ以外の5項目について検討している。図 3.15 に示すように，冷却損失には排気からの熱伝達によるもの，エンジン表面からのふく射熱，および摩擦熱の一部も含まれる。参考として最近のエンジンの最大熱効率付近での正味仕事および損失割合を図中の表に示すが，ディーゼルエンジン，ガソリンエンジンともに排気損失と冷却損失が大きいことがわかる。

3.5.1 正味仕事

正味仕事の割合，すなわち正味熱効率は，エンジンの種類や負荷によって変化する。図 3.16 は，ガソリンエンジン車とディーゼルエンジン車の登坂走行および平坦路走行時を例に，負荷に対応したヒートバランスを比較したものである。両エンジンの所要動力（正味仕事）は同一と仮定しているが，登坂時のような全負荷運転に近い場合，ガソリンエンジンでは排気損失および冷却損失が大きく，

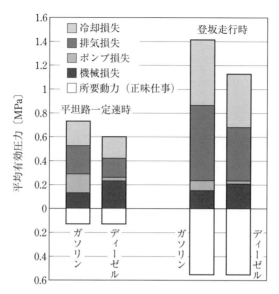

図 3.16 ガソリンエンジンおよびディーゼルエンジンの運転条件とヒートバランス

正味仕事は 30 ％程度しか得られない。一方，空気サイクルに近いディーゼルエンジンでは，燃焼温度が低くなって冷却損失が小さくなることもあいまって，約 38 ％の正味仕事割合になっている。平坦路走行の場合，所要動力は登坂時の 1/3 程度あれば十分であり，相対的に摩擦損失割合が増えるため，正味仕事の割合すなわち正味熱効率はディーゼルエンジンでも 20 ％程度になる。一方，ガソリンエンジンでは吸入空気の絞りにともなう吸排気損失（ポンピングロス）が増大して，正味熱効率が 15 ％程度になる。

3.5.2 冷却損失

冷却損失は，エンジン内の循環冷却水量を求め，これとエンジンの入口と出口の冷却水温度差をもとに推定している。この場合，エンジン表面からのふく射熱は含まれないため，ふく射熱による損失はシリンダーブロック等の表面温度から推定することになる。ふく射熱を含めた全負荷付近での冷却損失は，ガソリンエンジンで 30 ％，ディーゼルエンジンは 25 ％程度であり燃焼温度の低いディーゼルエ

ンジンのほうが少ない。

　図3.17は，ガソリンエンジン全負荷でのエンジン各部分からの冷却損失の発生割合を示している。これによると，シリンダーブロック部から1/3，残りは排気ポートを含むシリンダーヘッドからの放熱になる。ヘッドからの放熱割合が大きいのは，排気行程におけるバルブ付近の流速が音速近くになり，ここでの熱伝達率が増大することも一因である。なお，シリンダーライナーからの冷却損失には摩擦熱も含まれており，これを除いたシリンダーライナー部への燃焼ガスだけの放熱量は冷却損失の1/4程度と言われている。このように冷却水には元来排気損失や摩擦損失として失われたものが流入することから，ヒートバランスを考える際にはその取り扱いに留意が必要である。

　冷却損失低減の研究は種々行われており，ディーゼルエンジンでは，ピストンなどをセラミック製とした遮熱エンジンも話題になったことがある。しかし，遮熱によって燃焼室壁温が高くなり，吸入空気量が減少すること，あるいは高温場での燃焼速度が遅くなるため燃焼が悪化することから，期待したような熱効率の

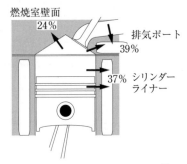

図3.17　冷却水への熱移動経路[7]

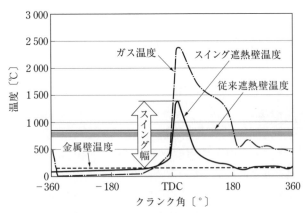

図3.18　壁温スイング遮熱法のコンセプト[8]

向上は得られなかった。このような欠点を改善した遮熱法として，図 3.18 に示すようなコンセプトの壁温スイング遮熱法が考案されている。この遮熱法は，燃焼室壁面に熱容量の小さい特殊な遮熱コーティングを施すことによって，従来なら一定温度に近かった金属壁や遮熱壁の壁面表面温度をガス温度に追従して変化させるもので，これによって冷却損失の改善を図っている。遮熱膜に適した材料開発に苦労があったようだが，アルミ鋳造品にアルマイトの厚い皮膜を形成することに成功し実用化に至っている[9]。さらに熱伝導率や熱容量の小さい皮膜が開発できれば，スイング幅を拡大でき，数パーセントの熱効率の改善が可能になるとの試算結果が示されており，今後の進展が期待される。

3.5.3 排気損失

排気損失は，吸気ポート内ガスのエンタルピーと排気ポートでの排気ガスのエンタルピーの差として求めることになる。排気温度と排ガス量から排気のエンタルピーを求めることができるが，排気ポートから冷却水への熱移動があり，排気温度測定位置等に留意が必要である。

図 3.15 の表を見ると，最大熱効率付近の排気損失は 30～35％であるが，圧縮比が高いディーゼルエンジンのほうがガソリンエンジンよりも若干低く，さらに部分負荷で燃焼期間が短くなるディーゼルエンジンでは発熱の等容度が高くなり，損失はいっそう少なくなる。排気損失低減には燃焼期間を短縮するとともに燃焼位相を上死点に近づけて発熱の等容度を向上させることと，膨張比（圧縮比）を大きくして不完全膨張による損失を減らすことが有効であるが，多くの場合に冷却損失とトレードオフになる。このトレードオフの改善には燃焼温度の低下が有効であり，また，膨張行程を大きく取れるミラーサイクルなどが有用な手段となる。

3.5.4 摩擦損失

摩擦損失の多くはクランク軸まわりおよびピストンまわりから生じるが，ピストンまわりの損失はシリンダー内圧力によって異なることから測定が難しい。一般的にはモータリング法（モーターによってエンジンを駆動した場合のモーター

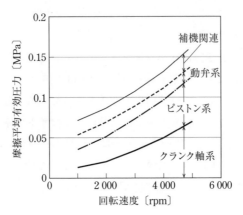

図 3.19 ガソリンエンジンの分解摩擦損失

負荷で評価）で，エンジンを分解しながら測定しており，着火運転時とは異なるが，摩擦損失の特性を知ることができる。図3.19はその一例である。摩擦損失は回転速度に対して単調に増加しており，特にクランク軸系とピストン系での損失が大きいが，これは，運動部分の慣性力による荷重負荷に加えて，摺動部の移動速度が速くなり，摩擦係数が増大するためである。

3.5.5　吸排気損失（ポンピングロス）

　図3.20は，無過給ガソリンエンジンにおける全負荷運転時と部分負荷運転時（1/4負荷付近）での P-V 線図およびその吸排気行程の拡大図を示している。図において，bからcの排気行程中のシリンダー内圧力は，大気圧 P_0 あるいは大気圧よりわずかに高い圧力で推移して負の仕事になる。cからdの吸気行程を見ると，全負荷では大気圧より若干低い程度であるが，部分負荷になると吸気絞り弁によって負圧が大きくなり，負の仕事が増える。結局，$B+C$（面積 b-c-d-b）の面積が吸排気時の負の仕事になるが，図示仕事が $A+C$（面積 a-b-d-e-a）であり，C の部分は相殺される。このため，A を図示仕事，B を吸排気損失（ポンピングロス）としている。このような圧縮・膨張行程の圧力線図から求めた図示仕事（面積 A）をグロスの図示仕事（吸排気損失を含まない見かけの図示仕事），この図示仕事から吸排気損失（面積 B）を引いたものをネット（正

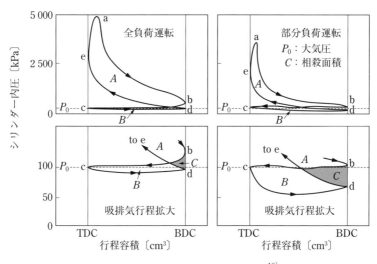

図 3.20　P–V 線図上での吸排気損失 [10]

味）の図示仕事と呼んでいる。図 3.21 は両者と正味熱効率の関係を示した図である。吸気を絞った部分負荷の場合，グロスの図示熱効率 η'_i（面積 A をもとに算出）は負荷が変わってもほぼ一定であるが，ネットの図示熱効率 η_i（面積 A – 面積 B から算出）は，負荷が低くなるにつれて吸排気損失（面積 B）が増大するため低下する。さらに正味熱効率 η_e は，吸排気損失に加えて摩擦損失が加算されるため，図に示すように負荷が低くなるほど

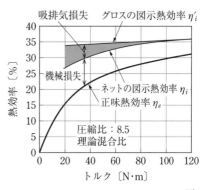

図 3.21　図示熱効率と正味熱効率の関係 [11]

低下し，無負荷（アイドリング）では正味熱効率はゼロになる。

●参考文献

1) John B. Heywood；Internal Combustion Engine Fundamentals, McGraw-Hill Education（1988）

2) The Combustion Laboratory at the University of California, Berkeley；http:// combustion.berkeley.edu/gri-mech/data/nasa_plnm.html

3) D. R. Pye；The Internal Combustion Engine(2nd Ed.), Vol.1, Oxford University Press(1937)

4) Charles F. Taylor；The Internal-Combustion Engine in Theory and Practice(2nd Ed.), Vol.1, MIT Press(1966)

5) H. List；Thermodynamik der Verbrennungskraftmaschine, Springer(1939)

6) 富塚；生活の中の科学技術，山海堂(1982)

7) 今別府ほか；エンジンの冷却水放熱量予測手法の開発，自動車技術会論文集，Vol.24，No.1(1993)

8) 脇坂，川口ほか；エンジン冷却損失低減の理論を実現へ，オートテクノロジー2018，自動車技術会(2018)

9) 小坂，脇坂ほか：壁温スイング遮熱法によるエンジンの熱損失低減 数値計算による適切な遮熱膜特性の検討，自動車技術会論文集，Vol.44，No.1

10) Edward F. Obert；Internal Combustion Engines and Air Pollution, Harper & Row, Publishers(1973)

11) 中島，村中；新・自動車用ガソリンエンジン，山海堂(1994)

第4章

燃料および燃焼

4.1　内燃機関用燃料の特性

4.1.1　内燃機関用燃料の現状と将来

　現在の内燃機関用燃料の大部分は石油系液体燃料であり，原油を蒸留したのち
に改質・脱硫などの過程を経て自動車などに供給されている。原油の埋蔵量は有
限であり，需要の増大とともに枯渇が懸念されているが，一方で石油探査・掘削・
採取技術の進歩により新油田が発見されるとともに，新たな資源で非在来型石油
と呼ばれるシェールオイル（shale oil）などからも産出できるようになった。こ
のようなことから，近年発表される可採年数（原油確認埋蔵量/原油年間生産量）
は，消費量の増大にもかかわらず 50 数年で変わらず推移している。しかし，い
ずれ減少に転ずることは明らかであり，また，地球温暖化抑制の観点からも燃料
多様化への対応が必要となる。

　図 4.1 は，内燃機関に利用されているあるいは検討されている燃料を分類した
ものである。内燃機関用燃料としては液体燃料が中心である一方，気体燃料も利
用されている。液体燃料は石油系と非石油系に分類され，非石油系はアルコール
やバイオ軽油のようにバイオマス系や天然ガスおよび石炭などを原料とした合成
燃料のことであり，これら非石油系燃料はすでに石油系燃料に混合して用いられ
ている。気体燃料としては，天然ガスおよび原油蒸留時のガス（石油ガス）など
があり，中でも天然ガスは資源も多く将来利用比率が増加すると予想されている。
気体燃料は液体燃料に比べて体積当たりのエネルギー密度が低い点で自動車用と
して不利であるが，それでも電池と比べると体積および重量のいずれから見ても

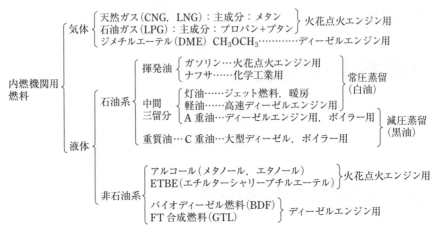

図4.1　内燃機関から見た燃料の分類

　はるかにエネルギー密度が大きく，その点で優位性がある。

　表中にあるジメチルエーテル（DME：dimethyl ether）は，天然ガスなどから合成される含酸素燃料で，常温では気体であるが加圧すると液体になる。着火性が良く，微粒子の発生が少ないことからディーゼルエンジンでの利用が検討されている。また，Fischer Tropsch 法による GTL（gas to liquid）燃料は，天然ガスなどから合成される直鎖パラフィンを主成分とする液体燃料であり，その高い着火性からディーゼルエンジン用として検討されているが，改質効率が低いためまだ広くは普及していない。

　さらに最近，風力などの再生エネルギーで得た電気で二酸化炭素を原料として，ガソリンや軽油のような炭化水素を合成する e-fuel が提唱されている。もしこれが実用化できれば，資源エネルギー問題だけではなく地球温暖化問題も一挙に解決できるブレークスルーになることが期待できる。

　このように内燃機関用燃料の多様化が検討されているが，当面，内燃機関は石油系液体燃料を主に利用していくことが予想されることから，本章では石油系燃料に絞って，その特徴などを見ていきたい。

4.1.2　石油系燃料

　原油は暗緑色の蛍光を呈する液体であり，種々の炭化水素の混合物質である。この原油を沸点の差異によって蒸留し，目的に応じて使い分けしている。

(1) 原油の分留比率

　原油の分留は大規模な蒸留装置を利用して行われるが，通常の原油では沸点の低いプロパンやブタンなどのガス成分（LPG：liquified petroleum gas）から順次分離されていく。蒸留温度によってガソリンや軽油などに分類されるが，そのプロセスと比率はおおよそ図4.2のようになっている。常圧蒸留と減圧蒸留に分かれており，常圧蒸留では脱硫などとともに改質を行うなどしてガソリンや軽油に精製される。なお，軽質分であるナフサは粗製ガソリンとも言われており，改質してガソリンとするほか，化学繊維やプラスチックなどの工業製品の原料にもなる。

　一方，減圧蒸留では重油精製が主であるが，その一部は熱分解等によりガソリンや軽油にも転換される。また，潤滑油なども精製され，残渣はアスファルトなどに使われる。以上のような原油精製の中で，近年，発電所などの脱石油化により重質油の需要が減少しており，需給のアンバランスが顕在化している。また，

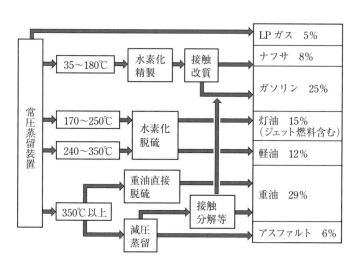

図4.2　原油からの精製過程と分留比率の概略値[1]

排気清浄化のための低イオウ化も必要であり，重質油の精製過程での軽質化と脱硫が求められている。

(2) 蒸留特性

蒸留により精製された燃料は，蒸留特性の違いでガソリン，灯油，および軽油などに区分される。その特徴は，アメリカ試験材料協会（ASTM：American society for testing and materials）の規格に従った ASTM 蒸留曲線を測定することによって知ることができる。

ASTM 蒸留曲線は，図 4.3 (a) のような装置で簡易的に測定することができる。ビーカーに 100 cm^3 の燃料を入れ，加熱しながらビーカー内温度を測定するもので，例えば 10％の燃料が蒸発した時点での温度を 10％留出温度と言い，順次測定を続けることによって図 4.3 (b) のような ASTM 蒸留曲線が得られる。この中で，10％，50％，および 90％留出温度である T_{10}，T_{50}，T_{90} は，ガソリンエンジンの運転特性等に影響を与える性状値としてよく用いられる。T_{10} が高いと始動性や暖機性が悪くなり，T_{50} が高い場合は加速性や暖機性が悪くなる。また，T_{90} が高いと潤滑油の希釈や燃焼室の汚れ，プラグのくすぶりを招くと言われている。

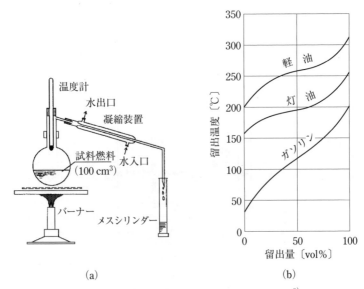

(a)　　　　　　　　　　　　(b)

図 4.3　各種燃料の ASTM 蒸留曲線と測定方法 [2)]

4.1.3　ガソリン

　ガソリンの区分は製品規格により蒸留性状，オクタン価，蒸気圧などが定められているが，その組成などは原油産油国，精製方法，添加剤などによっても異なっている。

(1) 炭化水素の組成

　ガソリンは各種炭化水素の混合体であり，平均組成は炭素数が8程度で，炭素含有率約85％（質量），水素含有率は約15％（質量）である。その成分はノルマルパラフィン系，イソパラフィン系，オレフィン系，ナフテン系，芳香族系と多種多様であり，その割合は精製過程によって大きく異なる。燃料中の炭化水素成分は，その組成によってスパークノック（spark knock）という異常燃焼の指標となるオクタン価が異なるため，種々のガソリン基材を混合して調整している。また，燃料の蒸発に影響を与えるリード蒸気圧（RVP）*については，沸点特性の異なる成分を混合して調整しており，夏と冬でリード蒸気圧の異なる燃料を供給している地域がある。蒸気圧が高いと給油や長期間の駐車中に大気に放出される炭化水素（燃料蒸発ガス）が増加して，大気中の窒素酸化物（NO_x）と反応し，光化学オキシダントや微小微粒子（PM2.5）生成の原因となる。このため，今後規制が厳しくなるが，車両側の対策とともに燃料側の対応が求められている。

(2) オクタン価

　オットーサイクルの熱効率は，理論的には圧縮比が高くなるほど向上するが，高圧縮比化にはスパークノックと呼ばれる異常燃焼の発生による制約がある。圧縮比を少しでも高くできるようにエンジン設計面での改善がなされているが，燃料の耐ノック性（ノックのしにくさ）の向上も必要である。

①オクタン価の定義と測定方法

　オクタン価（octane number）は燃料の耐ノック性の指標であり，その測定にはシリンダーヘッド部分が上下できる可変圧縮比機構をもったCFRエンジン（cooperative fuel research engine）が用いられる。この評価の基準となるオクタン価標準燃料（PRF：primary reference fuel）は，耐ノック性の高いイソオクタン

---

* 　RVP：reid vapor pressure，密閉容器に入った燃料が38℃（100°F）の外気温に置かれたときの容器内圧力で，高いほど蒸発しやすい。

（C_8H_{18}, 2,2,4 tri-methyl pentane とも言う）と耐ノック性の低いノルマルヘプタ
ン（C_7H_{16}, normal heptane）の二成分である。

　供試燃料のオクタン価を測定する場合，まず被測定燃料を CFR エンジンで運
転し，定められた強度のノッキングが発生するように圧縮比を変更する。次に，
同一圧縮比で標準燃料の混合比率を変え，供試燃料と同等のノッキング強度を示
すイソオクタンの比率（百分率値）を求め，オクタン価が決定される。したがっ
て，イソオクタンのオクタン価は 100 オクタン，ノルマルヘプタンのオクタン価
は 0 オクタンとなる。なお，CFR エンジンの運転条件により，次の二種類のオ
クタン価が定められている。

- リサーチオクタン価（RON）：回転速度 600 rpm，吸入空気温度 38℃で運転
- モーターオクタン価（MON）：回転速度 900 rpm，混合気温度 149℃で運転

　日本は通常リサーチ法によるオクタン価を用いており，JIS 規格によりレギュ
ラーガソリンは 89〜96 オクタン，ハイオクガソリンは 96 オクタン以上とされて
いる。

　アメリカでは多くの場合に RON と MON 両者の平均値（アンチノック指数）
を用いており，高速・高負荷での耐ノック性を重視している。

②オクタン価向上法

　炭化水素のアンチノック性は，表 4.1 に示すように炭素と水素の結合状態に

表4.1　各種炭化水素の化学式とオクタン価 [3]

名　称	一般式	炭素結合の形態例		オクタン価	
		成分名	形態	RON	MON
パラフィン系 （アルカン系）	C_nH_{2n+2}	n-ペンタン	$-\overset{\mid}{C}-\overset{\mid}{C}-\overset{\mid}{C}-\overset{\mid}{C}-\overset{\mid}{C}-$	61.7	61.9
オレフィン系 （アルケン系）	C_nH_{2n}	1-ペンテン	$-\overset{\mid}{C}-\overset{\mid}{C}-\overset{\mid}{C}-\overset{\mid}{C}=C<$	90.9	77.1
ナフテン系 （シクロアルカン系）	C_nH_{2n}	シクロ ペンタン	$>C - C<$ $>C \stackrel{}{\smile} C<$	101.3	85.0
芳香族系	C_nH_{2n-6}	ベンゼン	ベンゼン環		115.0

よっても異なり，一般的に直鎖パラフィン系（アルカン系）が低く，次に二重結合のあるオレフィン系（アルケン系），環状飽和形のナフテン系（シクロアルカン系）の順に高く，もっとも高いのがベンゼン環をもった芳香族系である。これらの成分は原油産油地によっても割合が異なることから，精製過程で改質などを行うとともに，その他のガソリン基材を混合することでオクタン価を調整している。

オクタン価向上のため，ガソリン基材は高イソパラフィン・高芳香族・高オレフィン化が進んでいる。具体的にはノルマルパラフィンをイソパラフィンに転換する異性化，パラフィン（重質ナフサ）を芳香族に転換する接触改質，重質油からオレフィンを多く含む軽質油を生成する接触分解，LPG（ブチレンとブタン）からイソパラフィンを合成するアルキレーションなどの操作が精製過程で行われている。また，エタノールとイソブチレンから合成される ETBE（エチル・ターシャリー・ブチル・エーテル）は高オクタン価基材としてのみならず，バイオ燃料としても注目されているが，普及が進んでいるとは言えない状況にある。

4.1.4　軽油

灯油よりも重質な成分を含んだ燃料であり，その特性を灯油およびガソリンと比べたのが表 4.2 である。燃料密度は炭素分の多い軽油のほうが大きくなるが，理論空燃比（1 kg の燃料を燃焼するのに必要な空気質量）は水素分の影響で軽油のほうが少し低い。また，ガソリンは引火点が低いのに対し，軽油は着火点が低いのが特徴であり，これが自己着火で燃焼を開始するディーゼルエンジンの燃

表 4.2　内燃機関用燃料の特性比較

	レギュラーガソリン	ハイオクガソリン	灯油	軽油
密度〔kg/L〕	0.715〜0.765	0.730〜0.780	0.770〜0.830	0.815〜0.855
C/H〔質量%〕	86C，14H	86C，14H	87C，13H	87C，13H
沸点範囲〔℃〕	25〜215		170〜260	180〜360
引火点〔℃〕	−43℃以下		40〜60	40〜70
着火点〔℃〕	約 300	約 400	約 255	約 250
理論空燃比	14.7	14.7	14.5	14.5

料として利用される主な理由である。なお，着火点とは空気中で燃料を加熱したときに，自然に発火して燃焼を始める温度であり，引火点とは燃料に炎を近づけたときに発火に至る周囲温度（飽和蒸気が可燃範囲となる温度）であって，沸点の低い成分を有する燃料ほど引火点が低くなる。

(1) 燃料組成

軽油の炭化水素成分は，ノルマルパラフィン系を主成分として，ナフテン系および芳香族系の各成分を含んでいるが，イソパラフィンは少なく，オレフィン系はほとんど含まない。これらの組成割合によって，排気特性，セタン価，流動性等が変化する。

燃料組成の中で特に注目されているのは微粒子発生に影響を与える成分で，1つには芳香族系がある。芳香族系は炭素/水素比が大きいため，多環芳香族炭化水素（PAH：polycyclic aromatic hydrocarbons）や可溶性有機成分（SOF：soluble organic fraction）などを発生させやすく，これらは発ガン性成分などにも関連することから，その低減が求められている。また，芳香族系は一般的に着火点が高

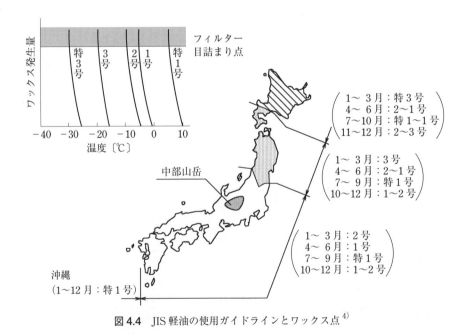

図 4.4 JIS軽油の使用ガイドラインとワックス点[4]

いため，含有量が多くなるとセタン価が低下することも問題である。

　燃料中のイオウ分もイオウ酸化物（SO_x）や硫酸ミストとなり酸性雨などの大気汚染の原因となる。また，触媒被毒を招くことから近年厳しい規制値が導入されている。軽油中のイオウ分が1%（質量割合）を超えていた時代もあったが，1997年に規制値が0.05%（500 ppm）になってから，自動車は少なくともSO_xの主たる発生源ではなくなった。さらに日本では，触媒の被毒防止のために，2005年から10 ppm以下の「サルファーフリー軽油」を世界に先駆け導入している。

　軽油にはJIS規格があり，流動点（燃料中に固形物が析出する温度）の違いにより区別されている。図4.4に示すように，北海道のような寒冷地では−30℃でも流動性が保たれる特3号が必要になる。一方，東京以南では流動点が−5℃程度の1号軽油が供給されている。パラフィン系の成分比率が大きい場合には着火性が良くなるが，一方で流動性が悪くなる。したがって，冬場の燃料はワックス化防止を優先するために，パラフィン系の混合比率を低くしており，着火性が若干悪くなる傾向がある。

(2) セタン価

　ディーゼルエンジンは自己着火によって燃焼を開始するため，燃料の着火性が重要な性状因子であり，その尺度としてセタン価（CN：cetane number）またはセタン指数（CI：cetane index）が用いられている。セタン価の測定に用いられるエンジンもオクタン価と同様に可変圧縮比式のCFRエンジンである。このエンジンを使って，被測定燃料と同一の着火遅れを示す二種の標準燃料の混合割合からセタン価を決めている。セタン価評価のための標準燃料はノルマルセタン（$C_{16}H_{34}$，ヘキサデカンとも言う）とヘプタメチルノナン（ノルマルセタンと分子式が同じ異性体）で，セタン100%を100セタンとし，ヘプタメチルノナン100%を15セタンと定め，両者の混合比率をもとに次式からセタン価を求めている。

　　　　セタン価＝ノルマルセタン〔%〕＋0.15×ヘプタメチルノナン〔%〕

　一方，CFRエンジンを使わずに燃料の10%，50%，90%留出温度と密度から燃料の着火性を求める方法があり，これをセタン指数と呼んでいる。セタン指数はセタン価に近い値が得られることから，JIS規格でセタン指数を用いる場合がある。例えば，温暖な地域で使う1号軽油はセタン指数50以上，寒冷地用の特3号は45以上となっている。ただし，セタン指数は分解軽油やバイオ燃料など

ではセタン価との相関が低下し，着火性の評価に適さない場合があるので留意が
必要である。

なお，セタン価とオクタン価は逆の関係にあり，両者の間にはほぼ次式が成立
する。

$$\text{オクタン価} \fallingdotseq 120 - 2 \times \text{セタン価}$$

4.2　炭化水素の燃焼

4.2.1　着火機構

ガソリンエンジンはスパークプラグの放電により，ディーゼルエンジンは筒内
に噴射された燃料の自己着火によって燃焼を開始するのが特徴である。以下，燃
焼の開始，すなわち着火機構について詳述する。

(1)　熱爆発理論

スパークプラグは燃焼室壁面に取り付けられているが，その電極先端が壁面に
近い場合，あるいは電極間すきまが狭いと，発生した熱が周囲の温度の低い壁面
や電極に移動して失火することがある。点火エネルギーによって混合気が活性化
して発熱するが，その発生熱が周囲の金属に奪われるためで，このようなマクロ
的な着火現象を熱爆発理論と呼んでいる。

この理論は次のような考え方で説明できる。図 4.5 に示す模式図において，ス
パークエネルギーで活性化された化学反応は発熱反応であるからアレニウス型で
与えられ，反応熱 q_1 は，

$$q_1 = Q \cdot V \cdot A \cdot \exp\left(-\frac{E}{RT_g}\right) \qquad (4.1)$$

Q：発生熱量〔J/mol〕，　V：体積〔mol/s〕，
E：活性化エネルギー〔J〕，
R：ガス定数〔J/mol·K〕，　A：反応定数，
T_g：気体温度〔K〕

となる。この反応速度は温度に対して指数関数的
に増加するが，発生した熱の一部は次式によって

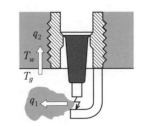

図 4.5　熱爆発理論の模式図

壁面に移動する。

$$q_2 = \alpha(T_g - T_w) \quad [\text{W/m}^2] \tag{4.2}$$

　α：熱伝達率〔W/(m²・K)〕，T_g：ガス温度〔K〕，T_w：壁面温度〔K〕

　すなわち，$q_1 < q_2$ では着火に至らないが，$q_1 > q_2$ の条件を満たすと急速に発熱反応が進み，火炎をともなった燃焼となる。

(2) 連鎖爆発理論

　マクロ的な着火の説明としては熱爆発理論が理解しやすいが，炭化水素の燃焼過程では，分子の衝突確率が基本となることから，ミクロの燃焼過程についても考えることが必要である。この機構は連鎖反応論と言われている。

　図 4.6 は水素の場合の連鎖反応を示している。この場合，温度の低い条件でも分子間衝突によって酸素や水素分子が分解し，活性基（ラジカル）が生成される。ラジカルの中には発熱反応に必要なエネルギーレベル（活性化エネルギー）の低いものもあり，これらの分子は少ない外部熱によって反応が進行する。ここで生じた反応熱が次のラジカル反応に必要な熱よりも大きい場合には，その反応熱によってさらに多くの反応が起こり始め，連鎖反応となって燃焼が進行する。連鎖反応には，ラジカルを生ずる起鎖反応から始まり，ラジカルが増加する分岐連鎖あるいはラジカルが消滅する停止連鎖が起こるが，全体としては分岐連鎖が優勢になって燃焼が進行する。

　なお，パラフィン系の燃料では，温度の低い段階でもホルムアルデヒドなどが発生して低温酸化反応を促進し，それが過酸化物となって，分岐連鎖による熱炎

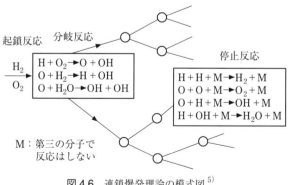

図 4.6 連鎖爆発理論の模式図[5]

反応（高温酸化反応）が進み混合気温度を上昇させる場合がある。このような反応がスパークノックを引き起こす原因になるとも言われている。停止反応は，安定した化合物に変化した場合や反応生成物が低温の壁面に衝突した場合などが考えられる。また，低温酸化反応の後の熱炎反応に至る前にいったん反応が停止する負の温度領域が存在するが，これは一時的に停止反応が優勢になった結果である。

4.2.2　燃焼の進行

　ガソリンエンジンの火炎は青白い火炎色を示し，ディーゼルエンジンの火炎は赤黄色の炎，あるいは黒色の煙を発しながら燃焼が進んでいく。このように，ガソリンエンジンとディーゼルエンジンでは燃焼の進行挙動が大きく異なる。これはガソリンエンジンの燃焼は均一な混合気の中を火炎が伝播する，いわゆる伝播型予混合燃焼であるのに対して，ディーゼルエンジンでは拡散燃焼を含む不均一な混合気の燃焼になっているからである。

(1) 予混合燃焼

　予混合燃焼（premixed combustion）は，燃料と空気などの酸化剤が燃焼開始前に分子レベルで混合された混合気を燃焼させる燃焼形態である。燃焼時には混合が完了しており，アレニウス型の化学反応によって燃焼が進行する。

　エンジン燃焼室内での予混合燃焼は，2つの形態に大別され，1つは明確な火炎面を形成し，それを境界として未燃部と既燃部に分かれる伝播型予混合燃焼である。もう1つは，予混合気が着火温度を超えた場合に，明確な火炎面を形成せずに場の至るところでほぼ同時に反応が生ずる非伝播型予混合燃焼である。前者は混合気濃度が可燃範囲にあることが，後者は混合気温度が着火温度以上であることが成立要件となる。以下にこれらの詳細について記述する。

①伝播型予混合燃焼

　ガソリンエンジンの正常燃焼は典型的な伝播型予混合燃焼である。ガソリンエンジンでは，気化器や燃料噴射ノズルで形成されたほぼ均一な混合気が点火プラグで発生する点火エネルギーによって活性化されて燃焼を開始し，火炎が燃焼室内を進行する。この場合，実際に燃焼している部分は 0.1～1.0 mm 程度の薄い層，

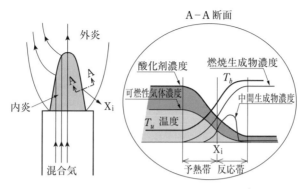

図 4.7 バーナー層流火炎を用いた予混合燃焼の模式図[6]（動画あり）

すなわち火炎面（flame front）である。

図 4.7 は，バーナーでの層流予混合火炎を例として伝播型予混合燃焼を模式的に示している。図において，火炎面前後で 2 つの現象が同時に起こっている。1 つは熱発生にともなう熱の拡散であり，もう 1 つはこの熱の拡散にともなう反応中間生成物や活性基などの生成である。特に反応位置前方の予熱帯で生成されるラジカルの反応が速ければ燃焼が速くなり，火炎伝播速度も上昇する。図のような層流予混合における燃焼では，燃焼速度は 1〜2 m/s のオーダーであるが，最近のエンジンではスワールやタンブル，さらにスケールの小さな乱れ（マイクロタービュレンス）をともなっており，エンジン内での燃焼速度は 50 m/s にも達している。

②非伝播型予混合燃焼

予混合気が着火温度を超えた場合には，場の至るところで反応が開始し，明確な火炎面が見られない非伝播型予混合燃焼を生ずる。例としては，ガソリンエンジンのスパークノック，ディーゼルエンジンの燃焼初期，予混合圧縮着火エンジンの燃焼が挙げられる。混合気濃度により燃焼速度は異なるが，一般に燃焼速度が速く，濃度が可燃範囲にある場合には熱発生が急激になることが多い。一方，超希薄混合気で，温度と混合気濃度を制御できれば穏やかな熱発生の低 NO_x・低スート（soot，すす）燃焼が可能となり，1.7.1 項および 1.7.2 項で概説した予混合圧縮着火燃焼（HCCI，PCCI）のような新たな燃焼形態が期待できる。

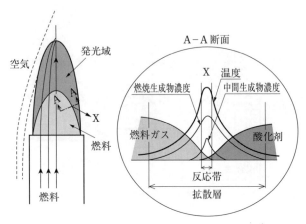

図4.8　バーナー火炎を用いた拡散燃焼の模式図[6]

(2) 拡散燃焼

　拡散燃焼（diffusive combustion）は燃料と酸化剤が混合しながら火炎が形成される燃焼形態であり，混合と燃焼が同時に進行し，通常は混合が熱発生率を決める混合律速となる。例としては，ディーゼルエンジンの主燃焼，噴霧燃焼，ろうそくの燃焼などが挙げられる。ディーゼルエンジンでは，ノズルから噴射された燃料が周囲の空気を取り込みながら液滴群となり，それが蒸発しながら燃焼が進行する。この場合，初期に噴射された燃料の一部は着火が始まるまでにガス化して混合気を形成することから，非伝播型予混合燃焼となる。しかし，噴霧の多くはノズルから噴射された後，空気を取り込みながら燃焼が進行する拡散燃焼となる。この拡散燃焼に関する理論的取り扱いを，ガス燃料を用いたバーナー火炎を模式化した図4.8により説明する。

　拡散燃焼の場合にも火炎面はそれほど厚いものではなく，混合気が理論空燃比付近に近い部分のみに火炎帯が存在する。この火炎前後で熱拡散あるいは中間生成物の生成が起こるのは予混合燃焼と同様であるが，局所的に過濃領域がありスートを発生するのが特徴である。この拡散火炎の形状は，噴霧エネルギーによる空気の取り込み，あるいは乱れ状況によっても変化する。ディーゼルエンジンの場合には，燃焼室内の旋回流（スワール）やマイクロタービュレンスで混合気を形成するほか，壁面に衝突した噴霧の燃焼もあり，バーナー火炎理論をそのま

ま適用できない形態も多い。

4.3　燃焼計算

これまでは，燃焼反応の開始，あるいはその経過について述べてきたが，ここでは，発熱量，燃焼完了に必要な空気量，燃焼生成ガス（排ガス）量などについて記述する。

4.3.1　炭化水素の燃焼反応と発熱量

炭化水素の主たる可燃成分は炭素と水素であるが，場合によっては少量のイオウが含まれることがある。これら三元素の燃焼に関する基礎式は次式になる。

$$C + O_2 = CO_2 + Q_{CO_2}$$

$$H_2 + \frac{1}{2}O_2 = H_2O + (Q_L \text{ または } Q_V)$$

(4.3)

$$S + O_2 = SO_2 + Q_{SO_2}$$

なお，Q_{CO_2}，Q_L または Q_V，Q_{SO_2} は各成分の発熱量である。水素の燃焼にともなう発熱量が二種類あるのは，水が液体で存在するか蒸気の状態であるかの違いである。前者は，燃焼によって生成された水蒸気が凝縮するまでの間の熱量（潜熱）を含んだ高位発熱量 Q_L で，水が気体で存在する場合の低位発熱量 Q_V よりも大きい値となる。エンジンの場合，サイクル計算に用いる発熱量は，一般に燃焼ガスが高温であって水は気体と考えられることから，低位発熱量を使用することが多い。

燃料 1 kg 中に c〔kg〕の炭素と h〔kg〕の水素および s〔kg〕のイオウを含む炭化水素の低位発熱量 H_u は次式で示される。

$$H_u = 33.9c + 121.2h + 10.4s \text{〔MJ/kg〕}$$

(4.4)

ただし，式中の 33.9 MJ，121.2 MJ および 10.4 MJ は，それぞれ炭素，水素およびイオウの 1 kg 当たりの発熱量である。

4.3.2 燃焼に必要な空気量と燃焼ガス量

　燃料中のすべての可燃成分が酸化して最終生成物になった場合を完全燃焼と言い，燃焼が不完全であって，燃焼生成物中に可燃成分，すなわち一酸化炭素，水素および各種の未燃炭化水素などが残る場合を不完全燃焼と言う。

(1) 完全燃焼に必要な空気量と燃焼ガス量

①必要空気量の計算

　燃料 1 kg 中に c〔kg〕の炭素，h〔kg〕の水素，および s〔kg〕のイオウを含む燃料の完全燃焼に必要な理論酸素量 O_m〔kg/kg〕は，モル数計算から求められる。すなわち，式 (4.3) において c〔kg〕の炭素は $c/12$〔kmol〕であり，$c/12$〔kmol〕の酸素を必要とし，燃焼によって $c/12$〔kmol〕の二酸化炭素を発生する。水素，イオウについても同様の計算を行うことによって，O_m は次式で求めることができる。

　すなわち，O_m＝酸素分子量×必要酸素モル数から，

$$O_m = 32\left(\frac{c}{12} + \frac{h}{4} + \frac{s}{32}\right)$$

$$= 32 \cdot \frac{c}{12}\left(1 + \frac{3h}{c} + \frac{3s}{8c}\right) \ \text{〔kg/kg〕} \tag{4.5}$$

となる。ここで 1 kmol＝22.4 Nm³（Nm³：normal m³ のことで，標準大気圧，273 K の下での気体体積）であるので，体積としての酸素量は，

$$O_v = 22.4\left(\frac{c}{12} + \frac{h}{4} + \frac{s}{32}\right) = 1.87c\sigma \ \text{〔Nm}^3\text{/kg〕} \tag{4.6}$$

となる。$\sigma = 1 + 3h/c + 3s/8c$ は燃料指数と呼ばれるものであり，理論酸素モル数と，炭素のみを燃焼させるのに必要な酸素量 $c/12$〔kmol〕との比を示すもので，炭化水素の場合 1.2〜1.5 程度となる。

　燃焼に必要な理論空気量は，空気中の酸素質量含有率が 23%，酸素体積含有率が 21% であることから，理論空気質量 L_{om}，理論空気体積 L_{ov} は次のようになる。

$$L_{om} = \frac{O_m}{0.23} = 11.49c\sigma \ \text{〔kg/kg〕} \tag{4.7}$$

$$L_{ov} = \frac{O_v}{0.21} = 8.89c\sigma \quad [\text{Nm}^3/\text{kg}] \tag{4.8}$$

理論空気質量 L_{om} は理論空燃比とも言い，ガソリンや軽油の場合，炭素，水素の質量比をもとに計算すると，先に示した表4.2のようになる。

②燃焼ガス量の計算

完全燃焼時の排ガスの組成は二酸化炭素，水，二酸化硫黄，および窒素であり，燃料1kgから生成された燃焼ガス中に含まれるこれらの体積は，モル数計算を行うことによって求めることができる。

すなわち，燃焼ガスの体積 V は，

$$V = 0.79L_{ov} + 22.4\left(\frac{c}{12} + \frac{h}{2} + \frac{s}{32}\right) \quad [\text{Nm}^3/\text{kg}] \tag{4.9}$$

となる。なお，$0.79L_{ov}$ は窒素の体積を示している。この式を式（4.6），（4.8）を用いて変形すると，

$$V = L_{ov} + \frac{22.4h}{4} \fallingdotseq L_{ov} + 5.6h \quad [\text{Nm}^3/\text{kg}] \tag{4.10}$$

となり，完全燃焼により得られた排ガスの容積は供給空気量よりも $5.6\,h$ [Nm³/kg] だけ増加する。

上式は燃焼に必要な最小限の空気量に対して求めたものであるが，ディーゼルエンジンなどでは理論空気量よりも多くの空気で燃焼させており，実際の吸入空気量 L と理論空気量 L_{ov} の比が重要となる。この比は，空気過剰率 $\lambda = L/L_{ov}$，あるいは当量比 $\phi = L_{ov}/L$ として定義されている。

したがって，空気過剰（$\lambda > 1$）の状態で燃焼した場合の燃焼ガス量 V_λ は，

$$V_\lambda = (\lambda - 0.21)L_{ov} + 22.4\left(\frac{c}{12} + \frac{h}{2} + \frac{s}{32}\right) \quad [\text{Nm}^3/\text{kg}] \tag{4.11}$$

となる。

なお，ガス分析計などでは水蒸気の干渉を避けるため，除湿して分析する場合が多い。この場合の乾き排ガス量は，式（4.11）から $22.4h/2$ [Nm³/kg] を引いた値となる。

(2) 不完全燃焼の場合の燃焼ガス量

ガソリンエンジンの場合には，全開運転，加速，始動，アイドリングなど多く

の運転条件において，空気不足（$\lambda < 1$）の状態で運転される。このような運転状態では，不完全燃焼を起こして排ガス中に一酸化炭素，水素などの未燃ガスが排出される。これに対して，ディーゼルエンジンは，全体としては空気過剰（$\lambda > 1$）で運転されるので不完全燃焼成分は微量であるが，噴霧中心は空気不足になる場合があり，不完全燃焼にともなう成分とともに，微粒子が生成される。

今，1 kg の燃料中に含まれる c〔kg〕の炭素の中で xc〔kg〕が二酸化炭素となり，残りの $(1-x)c$〔kg〕が不完全燃焼により一酸化炭素になるものとする。同様にして h〔kg〕の水素の中で，yh〔kg〕が水となり，残りの $h(1-y)$〔kg〕が水素のまま排出されるものとする。この場合の燃料 1 kg の不完全燃焼ガス中に含まれる二酸化炭素，一酸化炭素，水，水素，および窒素の容積は，式（4.3）および以下の一酸化炭素や水素の反応式をもとに求めることができる。

不完全燃焼となる $(1-x)c$〔kg〕の炭素については，

$$C + \frac{1}{2}O_2 = CO \tag{4.12}$$

未反応のまま排出される $(1-y)h/2$〔kg〕の水素については，

$$H_2 = H_2 \tag{4.13}$$

となり，モル反応計算を行うと，各ガス成分の体積は以下のようになる。

$$V_{CO_2} = \frac{22.4cx}{12} \quad , \quad V_{CO} = \frac{22.4c(1-x)}{12}$$

$$V_{H_2O} = \frac{22.4hy}{2} \quad , \quad V_{H_2} = \frac{22.4h(1-y)}{2} \quad \text{〔Nm}^3/\text{kg〕} \tag{4.14}$$

$$V_{SO_2} = \frac{22.4s}{32} \quad , \quad V_{N_2} = 0.79\lambda L_{ov}$$

ここで，式（4.14）中の x および y は，次のようにして求められる。すなわち，燃焼ガス中に二酸化炭素，一酸化炭素，水，水素の各ガスが共存する場合には，次式のような水性ガス反応の平衡式が成立する。

$$CO_2 + H_2 \Leftrightarrow CO + H_2O \tag{4.15}$$

一方，平衡状態においては，これら各ガスの体積と平衡定数 K との間には次の関係式が成立する。すなわち，〔 〕を各ガスのモル数とした場合，式（4.3），（4.12），（4.13）に示したように，各成分とも反応前と反応後のモル数が同じであることから，$[CO]/[CO_2] = (1-x)/x$，$[H_2O]/[H_2] = y/(1-y)$ となり，この

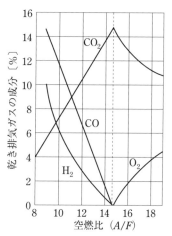

図 4.9 空燃比に対する排気ガス中の各ガス組成の計算値[7]

関係から,

$$K = \frac{[CO][H_2O]}{[CO_2][H_2]} = \frac{1-x}{x} \cdot \frac{y}{1-y} \tag{4.16}$$

が得られる。

　平衡定数 K の値は，反応温度がわかるとそれに対応した実験値があり，x と y の関係を知ることができる。なお，エンジン内での燃焼ガス温度は時々刻々と変化するが，反応時間が短いことから濃度は膨張行程途中で凍結すると考えられており，凍結時の反応温度を 1700 K 程度として計算すれば，実測値に近い値が得られる。これらの条件を利用して空燃比に対するガス組成の変化を求めた結果が図 4.9 である。

●参考文献

1) コスモ石油；石油製品製造の流れ，https://ceh.cosmo-oil.co.jp/csr/publish/sustain/pdf/data2004/04datap09.pdf
2) Edward F. Obert；Internal Combustion Engines and Air Pollution, Harper & Row, Publishers(1973)
3) ASTM；Knocking Characteristics of Pure Hydrocarbons, ASTM(1958)
4) 藤沢，川合；ディーゼル燃料噴射，山海堂(1988)
5) 疋田，秋田；燃焼概論(第 3 版)，コロナ社(1982)

6）小林，荒木，牧野；燃焼工学，理工学社（1988）

7）古濱；内燃機関工学，産業図書（1970）

第5章

火花点火エンジン

　電気火花を着火源とする火花点火エンジンは，一般に火炎伝播型予混合燃焼を行うため，燃焼室内にほぼ均一な予混合気を形成する必要がある。そのため第4章で述べたとおり燃料には揮発性と耐ノック性が要求される。その多くがガソリンを燃料とするためガソリンエンジンとも言われているが，天然ガス（CNG），石油ガス（LPG），灯油，アルコールなどを燃料とするものもある。これらは燃料供給系が異なるものの，基本的な構造および燃焼機構は同様である。最近では混合気の希薄化による熱効率改善を主眼として，あえて筒内直接噴射などで混合気を不均一にした層状給気燃焼や，火花点火によらずに圧縮着火を行う予混合圧縮着火（HCCI）燃焼が試みられている。また，サイクルとしては，2サイクル，4サイクル，あるいはロータリーエンジンなどがあるが，ここでは4サイクルガソリンエンジンを中心に記述する。

5.1　混合気の形成

　揮発性の良い燃料を空気と混合し，電気火花を利用して着火させることが火花点火エンジンの基本である。燃料の微粒化および適切な混合気の形成は，エンジン性能や排ガス特性に与える影響が大きいことから，ガソリンエンジン研究の重要なテーマの1つとなるとともに，燃料供給装置の改善が続けられている。近年の燃料供給装置の大きな変化としては，自動車用エンジンから気化器（carburetor）が姿を消し，電子制御燃料噴射方式（EFI：electronic fuel injection）になった点である。しかも高圧噴射や多噴孔ノズル，分割噴射も実用化されている。気化器の時代はすでに終わったと言えるが，ここでは混合気形成の基礎的事項を学ぶ

ために気化器を含めて概説する。

5.1.1 要求空燃比

　図 5.1 は，ガソリンエンジンの全負荷（絞り弁全開）および部分負荷（絞り弁1/2 開）における空燃比 A/F（燃料 1 kg の完全燃焼に必要な空気質量）と出力，燃費率（熱効率に反比例するエンジン性能評価値，3.3.4 項（3）参照）の関係を示している。絞り弁開度にかかわらず理論空燃比は 14.7 であるが，出力は空燃比 13 程度でピークとなり，燃費率は空燃比 17〜18 程度で最小になることがわかる。最大出力が過濃側になるのはシリンダー内ガスの熱解離によるところが大きく，最小燃費率が希薄側になるのは，空気過剰になることで燃焼温度が低くなることや燃焼ガスの比熱の増加が少ないためである。なお，層状給気燃焼エンジンではさらに希薄側でも失火が起こらないことから，最小燃費率が得られる空燃比は均一予混合気燃焼よりかなり希薄側になる。

　これまでのエンジンでは，空燃比を部分負荷では最小燃費率となるように，全負荷では最大出力が得られるように調整することが一般的であった。しかし，最近の厳しい排出ガス規制によって，三元触媒の活性化のためにほぼ全域で理論空燃比に制御して運転するエンジンが多くなっている。なお，始動時や加速時には

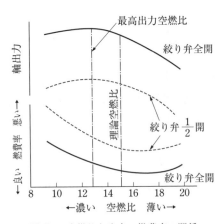

図 5.1　空燃比と出力，燃費率の関係

燃料の吸気管内壁への付着によってシリンダー内が希薄混合気になるため，理論空燃比より濃い混合気を供給する場合が多い。さらに，外気温変化，高度変化に対しても適正な混合気を供給する必要があり，気化器時代は複雑な補正機構が設けられていたが，電子制御燃料噴射方式になってからは，応答性の良い各種センサーが開発され，電子制御によって適正な混合気が供給できるようになった。

5.1.2 微粒化現象

燃料を高圧でノズルから噴射した場合，あるいはベンチュリー（絞り管）などを使って高速気流中に流出させた場合に燃料は微粒化する。図5.2は，微粒化の基本となる周囲流速と微粒化の関係を調べた結果である。この実験では，ベンチュリー部の中心に液体を送り，その周囲の空気流速を変化させた場合の液柱の挙動を観察している。

周囲流速が低い場合には，液体の表面張力と空気抵抗によって液柱に波打ちが発生し，滴状分裂が起こっている（図中 A）。さらに周囲速度が速くなると，液柱下部での空気の乱れにともない液柱の蛇行が起こり，分裂が早まる（図中 B）。空気流速が 15 m/s 以上になると，蛇行した液膜に気流が当たり，薄い膜を形成

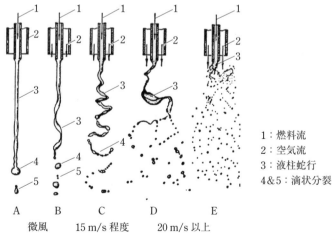

1：燃料流
2：空気流
3：液柱蛇行
4&5：滴状分裂

A	B	C	D	E
微風	15 m/s 程度		20 m/s 以上	

図 5.2 空気流速と燃料の微粒化現象（燃料流の周囲から空気を流した場合）[1]

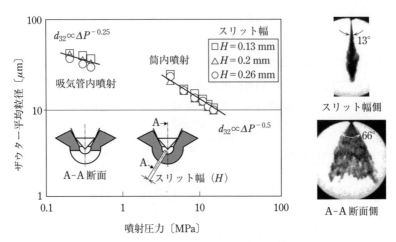

図 5.3 スリットノズル噴霧の平均粒径と噴霧形状[2]（動画あり）

しながら下流域で微粒化が進む（図中 C）。空気流速が 20 m/s 以上では燃料管出口付近から分裂が始まり，平均粒径も小さくなる（図中 D，E）。この図は従来使われていた気化器を模式化しているが，気化器の場合，ベンチュリー部の流速は 20〜100 m/s 程度となっていて，微粒化された燃料の粒径は 50〜200 μm 程度に分布していると言われている。

　最近使われている電子制御燃料噴射方式の場合，気化器とは異なり，ディーゼルエンジンと同様に噴射された燃料がもつ速度エネルギーによって空気を取り込み，微粒化が進行する。このため，粒径の微小化に対する噴射圧力の影響が大きい。

　図 5.3 は，スリットノズルで吸気管内噴射相当の圧力の場合と，筒内噴射相当の圧力の場合の燃料圧力と平均粒径[*]の試験結果を示している。吸気管内噴射相当の場合，0.3 MPa 程度の噴射圧力で平均粒径が 40 μm 程度になっている。一方，筒内噴射エンジンで使われる噴射圧力 15 MPa 以上では 10 μm 程度まで微粒化されている。なお，いずれの場合も噴射圧力に対して平均粒径は指数関数式で示すことができ，粒径に対する圧力の影響が確認できる。

---

[*]　燃料噴霧の平均粒径にはザウター平均粒径（d_{32}）を用いるが，詳細は 6.1.5 項を参照のこと。

5.2　気化器を用いた混合気形成

5.2.1　単純気化器

図5.4は，霧吹きの原理を利用した単純気化器の模式図と空燃比特性を示している。

図5.4（a）に示すように，空気流によってベンチュリー部には負圧が生じるが，この場合の圧力と流量の関係は次式で示される。なお，空気は圧縮性流体であり厳密には圧縮の補正が必要となるが，圧力差が小さい場合には非圧縮性の式を用いても大きな違いはないので，ここでは非圧縮性流体として取り扱っている。したがって，ベンチュリー部を通過する空気量は，

$$Q_a = C_a A_a \sqrt{2\rho_a(P_1 - P_2)} \tag{5.1}$$

となる。ここで生じた圧力差によって燃料が吸い上げられるが，この場合の燃料流量は，メインジェットに対してベルヌーイの式を適用して，

$$Q_f = C_f A_f \sqrt{2\rho_f(P_1 - P_2 - gh)} \tag{5.2}$$

Q：流量〔kg/s〕，C：流量係数，A：開口面積〔m²〕，

ρ：密度〔kg/m³〕，g：重力加速度〔m/s²〕，

$P_1 - P_2$：圧力差〔Pa〕，h：サイフォン高さ〔mm〕，

添え字：aはベンチュリー，fはメインジェット

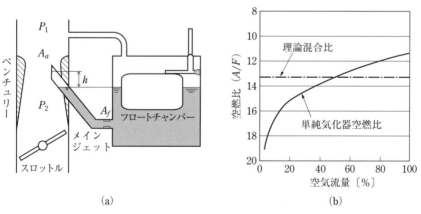

(a)　　　　　　　　　　　　　　(b)

図5.4　単純気化器の模式図と空燃比特性

となる。したがって空燃比は，

$$\frac{Q_a}{Q_f} = A/F = \frac{C_a A_a}{C_f A_f} \sqrt{\frac{\rho_a}{\rho_f}} \sqrt{\frac{P_1 - P_2}{P_1 - P_2 - gh}} \tag{5.3}$$

として近似できる。この式において流量係数比および密度比の運転条件による差異は少ないことから，空燃比に対しては，主として面積比 A_a/A_f と h が影響することになる。ここで，フロート液面レベルよりもサイフォン先端が h だけ高くなっているのは，車を傾斜地に駐車した場合や旋回時の横加速度による液面の変化，あるいはフロート内燃料のパーコレーション（高温時に燃料が気泡状態となってサイフォン先端から自然に流出する現象）による燃料の流出を防ぐためである。

この単純気化器の空燃比特性は，メインジェットの大きさ（A_f）で異なるが，図 5.4（b）で示すように空気量によって変化する。空気量の少ない領域では，フロート液面レベルよりもサイフォン先端が h だけ高くなっていることなどから，希薄混合気となる。一方，空気量が多くなると過濃となる傾向があり，エンジンの要求空燃比にマッチした空燃比特性が得られない。このため，実際の気化器には種々の補助機構が組み込まれている。

5.2.2 気化器の補助機構

図 5.5 に示すように，気化器には空燃比を調整するためのジェットが数個取り付けられているが，その使用負荷範囲によって低負荷域のスロー系と高負荷域のメイン系に区分されている。

(1) スロー系

ベンチュリー部のサイフォン先端がフロート内液面よりも高いため，式 (5.3) の $(P_1 - P_2 - gh)$ の項が正になるまで，すなわち負荷が低い間はメイン系から燃料は流出しない。この間，スロットル弁付近に取り付けたスローポートから吸気管内負圧 P_3 を利用して燃料を吸い出すことになる。なお，P_3 の負圧が大きすぎると過濃混合気となることから，スローエアブリードを利用し，空気と混合することによって適正空燃比を得るように工夫されている。

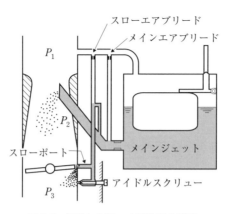

図5.5 標準気化器の空燃比調整機構

(2) メイン系

　燃料供給の基本は，ベンチュリー部の負圧を利用した霧吹き作用であるが，その流量制御はフロート下部のメインジェットで行っている。この場合，微粒化を気流だけに頼っていては十分でないこと，また，空気流速の増大にともない燃料流量が過大になるのを防ぐために，メインジェットの後方にメインエアブリードを取り付け，空気と混合して空燃比を制御している。

(3) その他の補助機構

　以上が気化器の基本となるが，ベンチュリー部の空気抵抗を軽減するために，高負荷になると作動する二次ベンチュリーを設けたものが多い。また，スポーツカーなどの高性能エンジンでは，ベンチュリー部が水平となったものや，可変ベンチュリータイプの気化器が使われている。

　また，始動時や加速時には過濃混合気が必要となることから，低温始動をスムーズに行うためのオートチョーク機構や加速ポンプ機構なども開発された。このように長年にわたり改良が重ねられてきたが，電子制御燃料噴射方式のような制御性能は得られないことから，近年自動車では利用されなくなった。

5.3　電子制御燃料噴射方式

　気化器は，吸気管内圧力やベンチュリー部の負圧あるいは機械的な機構を活用して，要求空燃比に適合するように工夫されてきた。しかし近年の厳しい排出ガス規制に対しては，複雑な機構を数多く組み込んだ気化器でも対応が困難となり，制御の容易な電子制御方式が自動車用ガソリンエンジンの主流となった。

　現在用いられている電子制御燃料噴射方式は，燃料を噴射する位置によって二種類に分けられている。1つは吸気管内噴射方式で，主として吸気弁傘部を狙って燃料を噴射する方式である。もう1つは，筒内直接噴射方式で，この方式にも層状混合気を形成する場合と均一予混合気を形成する方式とがある。

5.3.1　吸気管内噴射方式

　マイバッハが気化器を発明した当時から，機械式の吸気管内噴射方式が色々と構想されている。実用化されたエンジンもあるが，構造が複雑となり高価な割には気化器に代わるだけのメリットがなく，利用は広がらなかった。その中で，ベンディックス社（米）が1957年に発表したelectrojector（電磁弁式噴射ノズル）は，現在の電子制御燃料噴射装置（EFI）の開発につながったと言える。製品化したのはドイツのボッシュ社であり，進歩した電子技術を活用し1970年フォルクスワーゲンに装着して発表している。

　EFIの基本構成は図5.6のようになっている。図のコントロールユニット（ECU：electronic control unit）では，空気量を検出するセンサーからの信号と回転速度を基本とし，1サイクル当たりの空気量を演算するが，水温，気圧，O_2センサーの信号などで補正しながら，要求空燃比にマッチするように噴射ノズルの噴射期間を電磁弁で制御している。

　吸気管内噴射方式を利用する目的は当初は出力向上であったが，その後は排出ガス規制への対応に重点が置かれた。この方式によって，三元触媒の高い浄化率を維持するための正確な空燃比制御のほか，始動時の未燃分削減，加速時の過濃混合気の制御などが可能となり，軽自動車や二輪車にまで利用範囲が広がった。

　当初のノズルは，ニードルのリフト位置によって噴孔面積が変化するピントル

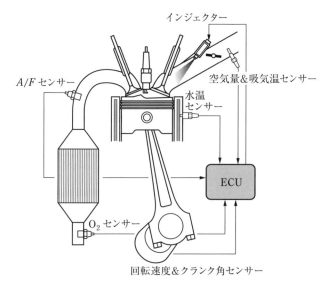

図5.6　吸気管内燃料噴射方式の基本構成

型であったが，四弁式エンジンが主流になってからは2ジェットの多噴孔ホール
ノズルとなり，二個の吸気バルブの傘部に向けて噴射している。噴射時期も当初
は2気筒ごとに同時噴射していたが，この場合，吸気行程で噴射される気筒と排
気行程中に噴射される気筒があり，低温時などには燃料の壁面付着の原因になっ
たため，現在は各気筒の吸気行程で噴射するようになっている。

5.3.2　筒内直接噴射方式

　ガソリンを筒内に直接噴射した場合，ガソリンの気化潜熱で気筒内温度が下が
り，吸入空気量が増大するとともに，スパークノックが軽減できることから，気
化器に代わる方式として古くから検討されてきた。特に，急旋回や急降下など運
転環境の厳しい航空機エンジンで開発が進み，1940年頃には実用化されている。
その後，機械式の筒内直接噴射方式は航空用エンジンの燃料供給装置として発展
しているが，自動車への搭載はベンツが初めてで，1950年代にスポーツカー用
エンジンに搭載している。しかし，複雑な機構でコストが高く，市販の自動車用

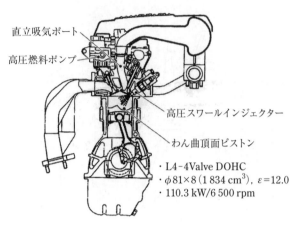

直立吸気ポート

高圧燃料ポンプ

高圧スワールインジェクター

わん曲頂面ピストン

・L4-4Valve DOHC
・$\phi 81 \times 8\,(1\,834\ cm^3)$, $\varepsilon=12.0$
・110.3 kW/6 500 rpm

図 5.7　三菱 GDI エンジンの断面図 [3]

として広がることはなかった。

　転機は地球温暖化の原因である二酸化炭素削減が自動車にも求められ，燃費の改善がエンジン開発の最重要課題になった時期になる。燃費の改善に主眼を置いてエンジン開発を進めていた三菱自動車は，1996 年に図 5.7 に示すような電子制御のガソリン筒内直接噴射式エンジン（GDI：gasoline direct injection）を発表した。燃費 35％アップ，二酸化炭素 35％削減が話題となり，その後同様のエンジンが多くの自動車メーカーで開発された。その燃焼コンセプトは層状給気燃焼である。

　GDI の成功の要因には，ガソリン用燃料ポンプが高圧化できたこと，また，使用されたスワールノズルの噴霧が背圧（雰囲気圧力）によって異なる形状になることを利用した点が挙げられる。図 5.8（a）は，スワールノズルの噴霧形状を示している。図に示すように，背圧が低い場合には噴霧の広がりも大きいが，背圧が高くなるとコンパクトな噴霧を形成することがわかる。このことを利用して，図 5.8（b）のように噴射時期を負荷に応じてマッピングしており，低負荷では気筒内圧力の高い上死点付近で燃料を噴射し，コンパクトな噴霧をプラグ付近に集め着火を確実にしている。これによって，全体としては希薄混合気燃焼が可能となり燃費が改善されている。一方，高負荷では筒内圧力の低い吸気行程で燃料を噴射し，広がりの大きな噴霧で均一混合気を作り，蒸発潜熱で混合気の温度を下げ，スパークノックを抑えながら高出力を実現している。この方式の場合，低負荷

雰囲気圧力・温度
0.1 MPa，293 K

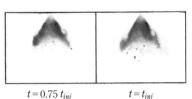

噴射圧力　10 MPa

$t = 0.75\,t_{inj}$　　　$t = t_{inj}$

$(t_{inj} = 0.81\,\text{ms})$

雰囲気圧力・温度
1.5 MPa，293 K

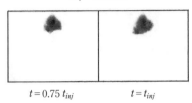

$t = 0.75\,t_{inj}$　　　$t = t_{inj}$

$(t_{inj} = 0.88\,\text{ms})$

（a）雰囲気圧力を変更した場合の噴霧形状

（b）運転条件に応じた噴射時期の制御マップ

図 5.8　スワールノズルの噴霧形状と噴射時期マップ[3], [4]

では空燃比が 50 程度の超希薄混合気での燃焼が可能になっている。

　層状給気燃焼エンジンは，その後種々開発されており，大きくは図 5.9 のように三形式に分類されている。

- ウォールガイド方式：三菱の GDI がこの形式で，先に説明したように噴霧特性および空気流動とピストン形状を利用して，プラグ付近に可濃混合気を形成し希薄燃焼を実現している。この方式はプラグ付近に過濃混合気を作りやすいが，エンジン冷間時にピストン面に燃料が付着する欠点がある。

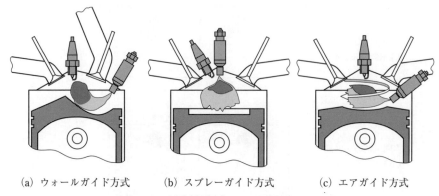

(a) ウォールガイド方式　　　(b) スプレーガイド方式　　　(c) エアガイド方式

図 5.9　筒内直接噴射式エンジンの層状給気方式 [5)]

- スプレーガイド方式：ウォールガイド方式の欠点である壁面付着を避けるため，燃料噴射を分割して成層化を実現した例がある。この場合，応答性の早いピエゾ式ノズルを用い，圧縮開始付近で一部を噴射して希薄混合気を形成し，上死点付近で再度噴射してプラグ付近に過濃混合気を作り層状化を達成している。
- エアガイド方式：スワールやタンブルなどの空気流動と噴霧特性を利用して，噴霧の壁面付着を抑えて層状化を行うが，広い運転範囲に対する空気流動の制御が難しいと言われている。

　層状給気燃焼の成功はエンジン技術における大きな出来事であったが，欠点もあった。その1つが NO_x の排出である。希薄化により NO_x の排出レベルは下がったが，厳しい規制値には対応できなかった。EGR や吸蔵還元触媒を利用したが，理論空燃比制御と三元触媒を用いたエンジンには及ばなかった。また，ノズルにデポジット（堆積物）が蓄積してエンジンが不調になることや，運転条件によっては多量のパティキュレートが発生することがあり，厳しい排出ガス規制に対応できず 2010 年頃には日本では生産されなくなった。層状給気燃焼には多くの課題があるが，大幅な二酸化炭素削減が可能な方式であり，燃費規制が厳しくなると再検討される可能性がある。

　層状給気燃焼の筒内直接噴射方式は姿を消しているが，その技術を応用して，理論空燃比での燃焼を主体とした筒内直接噴射方式が実用化されている。その狙いは，燃料の蒸発潜熱を利用した高圧縮比化であり，空気流動を利用して燃焼期

間の短縮も実現でき熱効率が高められている。この場合，低負荷では吸気管に噴射して均一混合気を形成し，スパークノックの起こりやすい高負荷のみ筒内噴射にしているエンジンもある。

5.3.3　電子制御燃料噴射方式を支える技術

（1）ノズルの進化

　吸気管内噴射用ノズルは，当初はピントル型で，噴射圧力は 200 kPa 程度と低く，噴霧の平均粒径も 250 μm と気化器なみであった。1995 年頃からは，2 ジェット 4 噴孔が多く採用され，2000 年頃からは 6〜18 噴孔への多孔化が進み，平均粒径も 50 μm 程度までに改善されている。

　図 5.10 は，噴射圧 300 kPa，大気圧条件下に噴射された 12 噴孔ノズルの噴霧写真の一例である。噴孔近くの噴霧はジェット状であるが，下流では微粒化が進んでいることがわかる。さらに改善すべく，多噴孔化とともにテーパー付き（ラッパ状）噴孔が多く使われており，噴孔配置なども検討されている。図 5.11 は，テーパー付きホールノズルにおいて噴孔長さを最適化し，さらに噴孔配置を変更した場合の平均粒径を調べた結果である。いずれの場合も噴孔数が増えると平均粒径が小さくなるが，従来型の噴孔配置 A では，噴霧間の干渉が起きやすく，12 噴孔以上に噴孔数を増やしても微粒化が進まなくなる。一方，提案されている噴孔の円形配置 B（一重ピッチ配置）の場合，噴霧間干渉等が改善でき，少ない噴孔

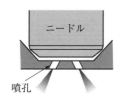

　噴孔数：12（テーパーなし噴孔）
　噴射圧力：300 kPa
　雰囲気圧力：101 kPa
　燃料：イソオクタン

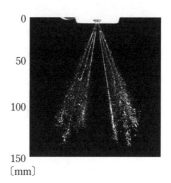

図 5.10　多噴孔ノズルの噴霧写真[6]（動画あり）

数でも微粒化が可能になっている。

　図 5.12 は筒内直接噴射方式に使われているノズル構造の模式図である。当初はスワール型（図 5.12 (a)）が使われ，噴射圧力も 10 MPa 程度であった。このノズルではニードルのリフトにともない，スワーラーで旋回流を発生させるが，その渦が噴孔出口に移動し，図 5.8 に示したような噴霧が形成される。

　その後スリット型（図 5.12 (b)）が使われるようになり，圧力も 20 MPa 程度まで高められた。このノズルでは，図 5.3 の写真に見られるように，正面からは扇形

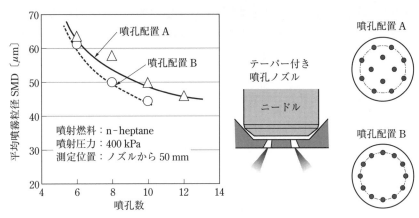

図 5.11　噴孔数および噴孔配置と平均粒径 [7]（動画あり）

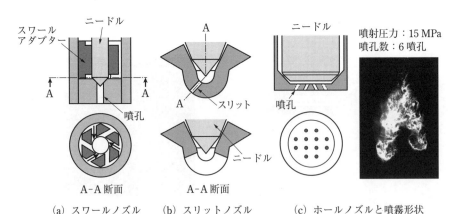

(a) スワールノズル　　(b) スリットノズル　　(c) ホールノズルと噴霧形状

図 5.12　ガソリンエンジン筒内噴射用各種ノズルの模式図 [6]（動画あり）

で，側面からは薄いジェット流になっており，燃焼室側面からの噴射に適している。

現在多く使われているのはホールノズル（図 5.12（c））で，噴霧写真を見ると図 5.10 に示した吸気管内噴射に比べ，噴射圧力が高いために空気の巻込みが活発で微粒化の促進がうかがわれる。なお，筒内噴射においても噴射圧力の高圧化，多噴孔化，さらには噴孔形状，噴孔配置あるいは L/D（噴孔長さ/噴孔径）の最適化により微粒化と壁面付着が少なくなるような開発が進められている。

(2) 空気量検出方法

吸入空気量の検出には，吸気管内圧力から推定する方法と，空気流量を直接測定する方法がある。最近では，EGR 率や過給圧力が高くなったこともあって，吸気管内圧力と流量センサーを併用している場合もある。

当初は，マニホールド内圧力を検出して空気密度と回転速度から空気量を推定していた。その後，流入空気の動圧に比例して転動するプレートを利用したエアフローメーターが使われたが，空気抵抗が大きいため利用されなくなった。空気抵抗の少ない方式として開発されたのが図 5.13（a）のカルマン渦方式である。吸気管内に渦を発生させる機構を組み入れて，カルマン渦の周波数から，空気流量を算出する方法である。この方式は流速を測定しているため密度補正を行う必要があることに加えて，逆流の検出が難しいという欠点があった。最近は，空気質量を直接測定できる図 5.13（b）の熱線式流量計が主流である。図のように計測用の抵抗部（コールドフイルム）と加熱抵抗部（ホットワイヤー）でブリッジ

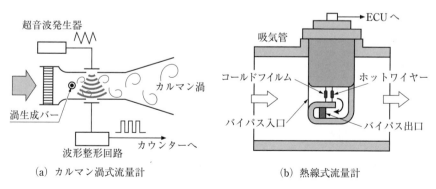

(a) カルマン渦式流量計　　　　　(b) 熱線式流量計

図 5.13 空気流量測定センサー[8), 9)]

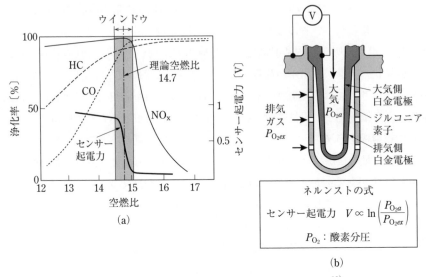

図5.14　三元触媒のウインドウと O_2 センサーの構造[10]

回路を構成し，加熱抵抗部を通過する空気によって熱が奪われても，加熱抵抗部温度と吸気温度の差が一定になるように制御する回路になっており，このときの加熱抵抗部の電流値を信号として利用している。この場合，空気質量は電流値との相関が良く，多くのエンジンで利用されている。また，逆流の検出もでき，吸気温度の変化に対する補償回路も組み込まれている。

(3) O_2 センサーと A/F センサー

図5.14は，空燃比に対する三元触媒の浄化率特性と排気制御を行う O_2 センサーの構造を示している。図5.14（a）のように，三元触媒で高い浄化率を得るための空燃比範囲（ウインドウ）は非常に狭いため，混合気は常に高精度に理論空燃比付近に合わせる必要がある。このため，排気中の酸素濃度を検出して空燃比を目標空燃比に近づけるように補正を行っている。

多くのエンジンでは触媒前方に O_2 センサーを取り付けているが，始動直後や加速時の空燃比制御のため，触媒前方に A/F センサーを取り付け，触媒後方に O_2 センサーを配置し，両センサーを利用してより精度の高い空燃比制御を行っているエンジンもある。

なお，両センサーともジルコニア素子を利用しており，O_2 センサーの場合，

図 5.14（b）に示すように一方は大気に，他の一方を排気にさらし，両者の酸素濃度差による起電力（ネルンストの式）を検出している。この場合，混合気が理論混合気より濃くなると，排気中の酸素濃度がゼロに近づくため指数関数的に起電力が増加し，空燃比を薄くするようフィードバックが働くことになる。一方，A/F センサーは，センサーに取り込んだ排気を理論混合比条件にするために必要な酸素を供給あるいは放出する機能をもっており，この酸素濃度の制御を行う電流値が空燃比 12〜23 程度の間で空燃比との相関が強いことから，精密な空燃比制御に利用されている。

5.4　点火システム

　近年，排気制御や熱効率改善のため，混合気の着火限界の拡大や点火時期の最適制御が求められている。このための点火方式としては，自動車で使用されているバッテリー点火方式が基本となる。

5.4.1　バッテリー点火方式

　バッテリー点火方式の基本回路は図 5.15 に示すようになっている。この図は1970 年頃まで使われていたコンタクトポイントを用いた形式であり，排出ガス規制の強化でメンテナンスフリー化が求められてからは電子制御式に代わっている。両者とも基本原理は同じであり，コンタクトポイント方式のほうが理解しや

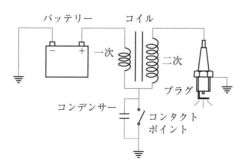

図 5.15　バッテリー点火方式の回路と作動特性

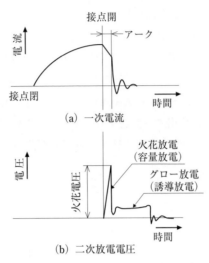

図5.16　バッテリー点火方式の電流と電圧

すいので，この方式を例にスパークの発生原理を説明する。

　図において，点火コイルの一次側の回路には，カム機構を利用して開閉するコンタクトポイントがあり，ポイントが開くと逆起電力により二次側コイルに2〜3万ボルトの高電圧が誘起される。この高電圧によってプラグの電極間がプラズマ状態になり，周囲の混合気が化学反応を開始する。この場合の電圧・電流パターンは図5.16のようになっている。初期のピーク電圧により発生するエネルギーは容量放電，電圧が低下した後に継続して発生する放電は誘導放電（グロー放電）と呼ばれている。着火の安定性に対しては前者のエネルギーの影響が大きく，着火限界を広げるためには後者のグロー放電期間を長くすることが有効であるとされている。

　従来の機械的なコンタクトポイント方式では，高回転速度になるとポイントの短絡期間が短縮することや，長時間使うとポイントの間隙が変化してしまうことから，二次電圧が低下する場合がある。この欠点を解決したのがトランジスター方式で，コンタクトポイントの部分がトランジスターに置き換わり，ディストリビューター（配電器）内の位置センサーをトリガーとして一次回路がオン・オフするようになっている。なお，このトランジスター回路部分をイグナイターと呼

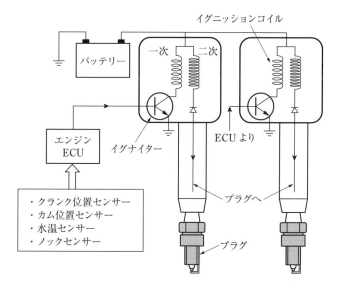

図 5.17　ダイレクトイグニッションシステムの模式図 [11]

ぶ場合がある。

　フルトランジスター方式では，カム位置およびクランク位置センサー等の信号
をもとにイグナイターに点火時期の信号を送り，一次側電流の遮断を行った際に
高い二次電圧を発生させている。図5.17は，気筒ごとにイグナイターを有した
最新式のシステムの例で，ディストリビューターが不要になっている。最近，排
気対策のためにEGR率が高くなっているが，安定した着火のためには高い点火
エネルギーが必要である。このため，ディストリビューターおよびハイテンショ
ンコードを廃止し，電力損失の少ないプラグとコイルを一体化した，いわゆるダ
イレクトイグニッションシステムが広がりつつある。

5.4.2　スパークプラグ

　スパークプラグは，エンジンの使用特性に合わせて種々開発されているが，そ
の設計上の基本方針は，高EGR時や低温始動時における着火性の向上，異常燃
焼の防止，および耐久性の向上などである。

（1）着火性能の向上

点火プラグの諸寸法の中で，着火性の向上に対して影響が大きいのは，図5.18に示す以下のような諸元である。

① 電極の突き出し量　　L　（標準 6〜8 mm）
② 電極太さ　　　　　　d　（標準 0.5〜2.5 mm）
③ 電極間ギャップ　　　S　（標準 0.7〜1.5 mm）
④ ねじ径　　　　　　　D　（M10〜14）
⑤ 電極形状

電極の突き出し量が大きい場合，壁面付近に比べ混合気温度が高いことと，可燃混合気との遭遇確率が増加することから着火の安定性が向上する。

電極は細いほど初期火炎の冷却作用が減り，確実なスパークが得られる。従来のニッケル系では電極を細くした場合に耐久性が低下するが，イリジウムを使った 0.5 mm 程度の細い電極の場合，耐久性も 10万 km 程度まで保障できるようになっている。

電極間のギャップは重要で，広いほど大きなエネルギーが得られるが，この場合，二次電圧を高くする必要がある。0.7 mm ギャップを 1 mm まで拡大すると，

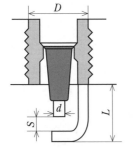

図 5.18　点火プラグの構造と着火性

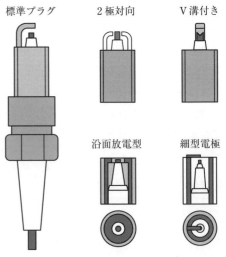

図 5.19　種々のプラグ電極[12]

着火限界空燃比が1.5程度改善できるといった報告もある。

　プラグを燃焼室中央部に取り付けるため，プラグのねじ径を細くする傾向にあり，スパークノック防止や吸排気バルブ径を拡大するうえでも有効になる。このほか，図5.19に示すように，中心陽極のまわりに陰極を取り付けた沿面放電型や，中心電極部にV溝を設けたものなどが考案され，着火の改善を図っている。

(2) 熱価

　点火プラグはエンジン部品の中でもっとも高温になる部分であり，ここが赤熱され続けると，放電前に着火する，いわゆるプレイグニッション（自己着火の一形態）という異常燃焼が発生し，エンジンを破損する場合がある。逆に低速走行を続けた場合などにはプラグの温度が上昇しないためくすぶりを生じ，絶縁性が低下して着火が不安定になる場合がある。これらの現象を防ぐには，外気温度や運転条件を考慮し，適正な温度範囲（自己清浄温度）になるようプラグの熱価を選定する必要がある。

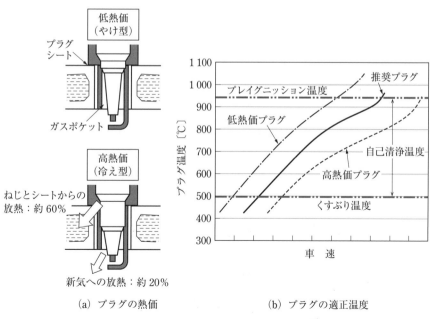

（a）プラグの熱価　　　　　　（b）プラグの適正温度

図5.20　プラグの熱価とプラグの適正温度 [13]

図 5.20 は熱価が異なる二種類のプラグの構造と適正温度範囲を示している。燃焼により高温にさらされたプラグは，吸気行程でも冷却されるが，多くは碍子を通して，ねじ部やシート部から放熱される。したがって，図 5.20 (a) に示すガスポケット部分が大きなプラグは，プラグシートまでの距離があり放熱しにくいので焼け型（低熱価）と言われ，逆にこの部分の少ないプラグは放熱が大きくなるので冷え型（高熱価）と呼ばれている。

図 5.20 (b) は，車速とプラグ温度の関係を模式的に示した図である。推奨されているプラグより焼け型の低熱価プラグを使うと，高速走行時にはプレイグニッション温度である 950℃ 以上の領域に入ってしまい，プレイグニッションによってエンジンの破損を招くことがある。一方，冷え型の高熱価プラグを冬季や低速走行が多い条件で使うと，プラグ先端が 500℃ 以下になってくすぶりが起こり，燃焼の安定性や始動性の悪化を招くことになる。このように，エンジンの使用条件に対応して，冷却性の良いプラグあるいは保温性のあるプラグを選択し，プラグの温度を 500〜950℃ の自己清浄温度範囲に保つ必要がある。

5.4.3 点火時期の制御

点火時期は，表 5.1 に示すように，出力，燃費，および排気組成などに影響を与える重要な因子である。エンジンの開発段階で，負荷や回転速度に対して出力が最大となる最適点火時期（MBT：minimum advance for the best torque）を求めるとともに，ノッキング限界や排気特性も考慮して点火時期が決定される。運転条件に適合した点火時期の調整は，かつては機械式制御であったが，最近は車載された ECU の電子制御により，全運転域でのマップ制御が可能になっている。

表 5.1　点火時期とエンジン特性値

エンジン特性項目	進角	遅角
スパークノック	発生助長	発生抑制
排気温度	MBT までは低下	上昇
NO$_x$	増加	減少
熱効率	排気損失・冷却損失増大で低下	排気損失・未燃損失増大で低下

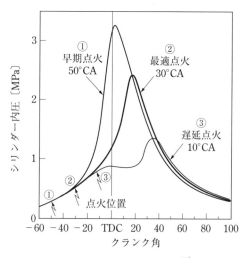

図 5.21 点火時期の最適化 [14]

（1）点火時期と燃焼形態

　点火時期を変更した場合のシリンダー内圧力は図 5.21 のようになり，早期点火では主に冷却損失が増えて熱効率が低下し，遅延点火では発熱の等容度の低い燃焼となる。なお，最適点火時期（MBT）は，点火時のクランク角と燃焼圧力が最大となるクランク角の中間付近に上死点が存在する場合と言われている。

　エンジン回転速度が速くなると，点火から燃焼が開始するまでのクランク角度（点火遅れ）が増加するため，燃焼位相を保つために回転速度とともに点火時期を進角する必要がある。また，負荷が低くなると，燃焼室内の残留ガス割合が大きくなり燃焼速度が遅くなるため，やはり点火時期を進角する必要がある。さらに，外気温や EGR 量，触媒の活性化などにも対応して点火時期を制御する必要がある。

（2）点火時期の制御

　上記のような点火時期の最適制御をかつては機械式で行っていた。回転速度に対する進角調整は，ディストリビューター内に設けたフライウエイトの遠心力を利用し，負荷に対する進角は，マニホールド内の負圧を利用しており，いずれもディストリビューター内の回転軸を回転させる機構となっている。この方式は長

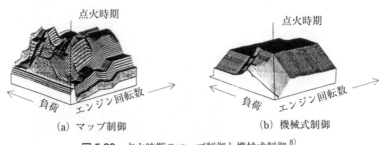

（a）マップ制御 　　　　　　　　　（b）機械式制御

図 5.22 点火時期のマップ制御と機械式制御 [8]

く使われたが，燃費の改善や排出ガス規制の強化に対応した最適制御は困難であるため，電子制御によるマップ制御に移行している。

　図 5.22 はマップ制御と機械式制御の例を示している。マップ制御（図 5.22（a））では，機械式（図 5.22（b））に比べきめ細かな制御ができていることがわかる。この方式では，事前に測定した回転速度や負荷に対応した最適点火時期を ECU に記憶させており，各種センサーから運転条件が入力されると，記憶されている最適タイミングを呼び出して点火が行われる。

　さらに改善された点火系には，ノックセンサーが装着されている。ノックセンサーはスパークノック発生の有無を気筒内圧力の周波数変動から検出するもので，スパークノックの発生に対応して点火時期を遅延する制御が行われる。したがって，仮にオクタン価の低い燃料が使われた場合でも，スパークノック発生直前まで点火進角を制御し燃費の悪化を防ぐことが可能になっている。

5.5　ガソリンエンジンの燃焼

5.5.1　燃焼の分類

　ガソリンエンジンの燃焼は，図 5.23 に示すように，筒内燃焼と筒外燃焼があり，さらに筒内燃焼は，正常燃焼と異常燃焼に分類される。なお，これまでの正常燃焼は予混合気の火炎伝播による燃焼とされていたが，希薄予混合気が圧縮着火する予混合圧縮着火（HCCI）燃焼も制御が可能な燃焼であることから，正常燃焼の一形態として分類した。また，異常燃焼は点火時期によって制御できるスパー

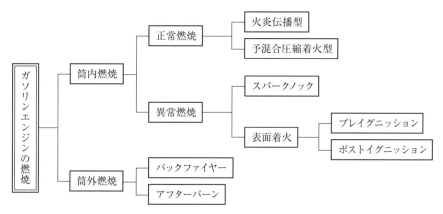

図 5.23 ガソリンエンジンの燃焼分類

クノックがよく知られているが，表面着火による異常燃焼もある。表面着火による異常燃焼には点火前に起こるプレイグニッションと点火後に起こるポストイグニッションがあるが，いずれも高温のプラグ，排気バルブあるいは燃焼室内のデポジットが着火源となって起こることが多い。現在問題になるのはプレイグニッションが多く，これらの異常燃焼はエンジンの破壊を招くことがある。プラグの適正熱価の選定，オイルのデポジット対策などで発生が少なくなったが，最近スーパーノックあるいは LSPI（low speed pre-ignition）と呼ばれるプレイグニッションが筒内直接噴射式エンジンにおいて確認されている[15]。

5.5.2　正常燃焼

（1）火炎伝播型正常燃焼

　ガソリンエンジンでは，スパークプラグで作られた火炎核からの火炎伝播によって燃焼が完了するのが一般的で，この場合が火炎伝播型正常燃焼である。

　このような火炎伝播による燃焼でも常に一定の燃焼状態が得られるわけでなく，図 5.24 のようにサイクル間で燃焼圧力は変動するのが普通である。その変動要因には以下のような事項がある。

　①　スパークプラグ近傍の空燃比変動

　②　スパークエネルギーの変動

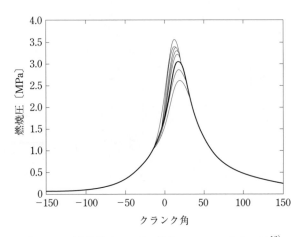

図 5.24 正常燃焼時における燃焼のサイクル変動の例[16]

③　点火時期の変動

④　乱れエネルギーの変動

⑤　EGR ガスや残留ガス分布の変動

　この中で特に影響が大きいのが，④と⑤と言われており，残留ガスや EGR ガスのような不活性成分の多い混合気がプラグ付近にある場合と，新気が多い場合で燃焼圧力は大きく変化する。この変動を制御するためには空気に乱れを与えて均一混合気を作り，燃焼時間の短縮を図ることが有効である。空気に乱れを与える方法としては，吸気ポートの形状を工夫してスワール（横渦）やタンブル（たて渦）（図 5.29, 5.30 参照）を発生させたり，圧縮上死点付近のピストン上面とヘッド面との間隙で空気を圧縮して，いわゆるスキッシュ流（図 6.25 参照）を発生させたりする方法があり，これらを利用して燃焼の安定性を高めている。

　図 5.25 は火炎伝播型燃焼時の燃焼室内での火炎伝播の様子を示している。火炎伝播型燃焼の場合，火炎面の広がりとともに燃焼量が増加してシリンダー内圧力が高まり，その内部エネルギーが仕事に転換される。写真に見られるように，点火後，火炎核ができるまでに若干の点火遅れ期間（写真では 1.5 ms 程度）があり，その後熱発生期間（写真ではクランク角で 30° 程度）が続く。エンジンは異なるが，図 5.26 は火炎伝播型燃焼時の燃焼室内圧力を示している。上記の点火遅れ期間が第 1 期に相当し，その後の熱発生期間が第 2 期となる。図中の熱発

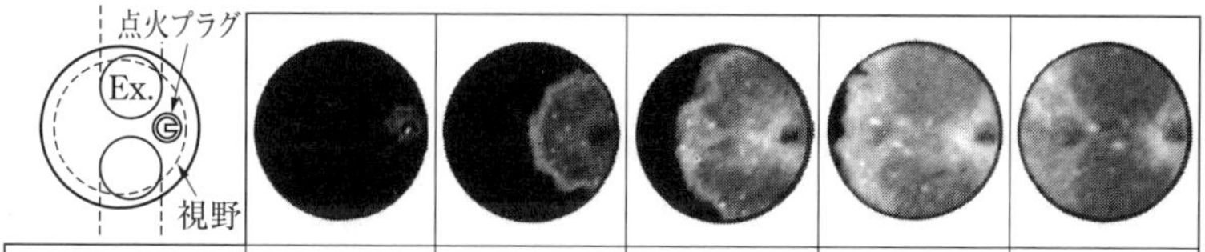

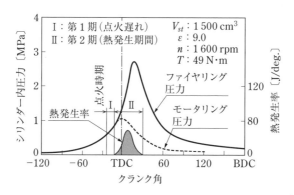

点火からの時間〔ms〕	1.7	3.0	4.3	5.6	6.9
クランク角度〔°ATDC〕	−15	−4	7	18	29

図 5.25 火炎伝播型燃焼の燃焼写真（負荷 40 km/h 相当，理論空燃比）[17]

図 5.26 火炎伝播型燃焼の場合のシリンダー内圧力と熱発生率[17]

生率はクランク角度 1° 当たりの発生熱量を示すもので，上死点付近で熱発生率が大きい場合に熱効率が向上する。なお，火炎伝播によって大半の燃焼は終了するが，膨張行程でもピストン間隙に残っていた混合気が燃焼するので，若干の後燃えがある。

　点火遅れは，回転速度が上昇すると通常は絶対時間でわずかに短縮するが，さほど大きくは変化しないため，クランク角度を尺度とすると回転速度の上昇とともに増加する結果となる。そのため，5.4 節に記したように，回転速度の上昇に応じて点火時期の進角が必要となる。

　一方，火炎伝播を開始すると，回転速度の上昇に比例して増加する乱れ強さの増加にともない火炎伝播速度も増加するため，回転速度が上昇してもクランク角度で示す熱発生率の形状はほぼ一定に保たれる。その結果，火花点火エンジンで

は回転速度が速くなっても高い燃焼効率が確保でき，高回転・高出力化に適した特性を有することになる。

(2) 予混合圧縮着火型正常燃焼（HCCI）

　ガソリン混合気を超希薄化し，圧縮比などで圧縮端温度を高めた場合に，筒内の多くの場所で着火が起こり，燃焼が終了することが確認されている。このような燃焼の場合，燃焼温度が低く NO_x の発生が抑えられ，しかも熱効率の高い運転が可能であることから，新たなガソリンエンジンの燃焼形態として研究が進んでいる。この圧縮着火による希薄予混合気の燃焼方式を HCCI 燃焼と呼んでおり，燃焼が成立する運転条件は狭いが，制御可能な燃焼であることから，正常燃焼の一形態として分類した。

　ガソリン希薄予混合気の圧縮着火現象は，1980 年頃，日本のエンジン研究者である大西氏が 2 サイクルエンジンで発見し，発表している。その後 4 サイクルガソリンエンジンでも研究が進み，1990 年頃アメリカの研究機関である SwRI が HCCI と命名し発表してから，多くの研究機関で研究が行われるようになった。2000 年頃には HCCI エンジンを搭載した試乗車が公開されたこともあるが，HCCI での運転範囲が狭かったことから，市場に出ることはなかった。

SI 燃焼　圧縮比 10.5　当量比 1.0　エンジン回転速度 1 000 rpm

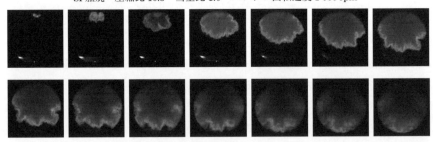

HCCI 燃焼　圧縮比 12　当量比 0.7　エンジン回転速度 1 000 rpm

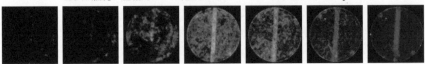

図 5.27　火炎伝播燃焼と HCCI [18]（動画あり）

図 5.27 は，2 サイクルエンジンを燃焼写真撮影用に改造し，火炎伝播型（SI 燃焼）と予混合圧縮着火型（HCCI 燃焼）の燃焼状態を比較した写真である。火炎伝播型の場合，燃焼期間が長いが，火炎面の進行によって燃焼が終了するのが明確である。一方，HCCI 燃焼では，上死点前に冷炎反応での熱発生があるが，一旦燃焼が停滞し，その後に筒内の多くの場所に火炎核ができ，瞬時に燃焼が進んでいる。HCCI 燃焼では圧力上昇率が高いため運転可能な負荷範囲が狭いが，圧縮比を高めて圧縮端温度を上昇させ，大量 EGR で酸素濃度を制御し，スパークエネルギーなども利用して運転範囲を広げる研究が進められている。

5.5.3　スパークノック

ガソリンエンジンの熱効率は圧縮比に強く依存するが，圧縮比を高くできない最大の原因が異常燃焼の発生である。圧縮比を高めてエンジンを運転した場合，燃焼室内からチリチリあるいはカリカリといった音が発生することがある。これがスパークノックであり，熱効率は低下するが点火時期の遅延によってこの現象は制御できる。

(1) 発生原因

スパークノックの発生は，図 5.28 に示すように，点火プラグからの火炎の進行によって，プラグから離れた場所の未燃の混合気（エンドガス）が圧縮加熱されて自己着火を起こすためである。この場合の自己着火は，多量の燃料が一瞬に燃焼するために高圧となり，そこで発生した密度の高い圧力波がシリンダー壁等

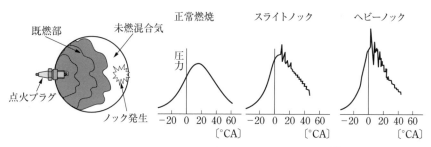

図 5.28　スパークノック発生時の模式図と燃焼圧力 [19)]

に衝突を繰り返す際に高周波音を発生する。この現象がドアをノックするのに似ていることから，スパークノックと呼ばれている。この場合の燃焼圧力の特徴は，正常燃焼に比べて急峻で，圧力波の往復による高周波の振動波が認められる点である。

　スパークノックによって音が発生する状況になると，シリンダーおよびピストン壁近傍の温度境界層が破られ，そこを通して急激な熱移動が起こり，スライトノックの場合でもアルミ系ピストンではピストン表面に小さなクレーターが多数発生することがある。さらに激しいヘビーノックが長時間続くと，ピストン頭部が溶損する場合がある。

(2) スパークノックの防止技術

　スパークノックは，圧縮比を低くするか，点火時期を遅角することにより防止できるが，これではエンジン性能および熱効率の改善にはつながらない。圧縮比を高くし，最適点火時期（MBT）のもとでスパークノックを防止するための燃焼コンセプトが求められている。その防止技術は，大きくは次の3つの要素が考えられる。

① 燃焼期間の短縮 ……… 火炎伝播距離の短縮，燃焼速度の増大
② 圧縮端温度の低下 ……… 吸気温度の低下，燃焼室壁温度の低下，残留ガス量の減少，ピストン冷却，排気弁冷却
③ 燃料のオクタン価向上 ……… 燃料組成，添加剤

　以下ではこの3つの要素を個別に見ていくことにする。

①燃焼期間の短縮

　自己着火が起こる前に火炎伝播によって燃焼が終了するように燃焼速度を速めるか，火炎伝播距離を物理的に短くすることにより燃焼期間の短縮を図ることになる。

　空気流動の乱れを強めることは燃焼速度を速めるうえで有効である。図5.29は，吸気ポート形状を変更した場合のスワールとタンブル流の燃焼室内での挙動を調べた結果である。図に示すように，タンブル流をうまく使うと上死点付近でも強い乱れが維持できており，燃焼速度の改善が期待できる。

　図5.30はバルブシートを従来のインサートを使わずに，溶射で形成したバルブシートによってタンブル比を改善した例である。レーザークラッド法と言われ

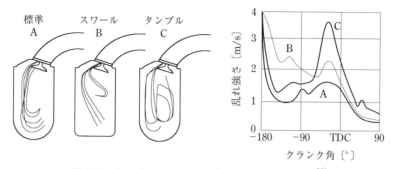

図 5.29　タンブル，スワールの燃焼室内での乱れ強さ[20)]

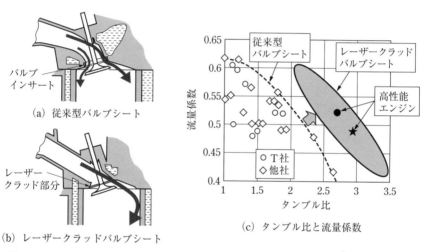

（a）従来型バルブシート

（b）レーザークラッドバルブシート

（c）タンブル比と流量係数

図 5.30　レーザークラッドバルブシートを使ったポートのタンブル特性[21)]（動画あり）

る技術で，アルミヘッドに直接バルブシート材を肉盛しており，これによってポート設計の自由度を向上させている。従来方式のポート（図 5.30（a））ではバルブの上方と下方からの流れが干渉してタンブル流を弱めるが，新設計のポート（図 5.30（b））では流れを上方に集中できており，その結果，図 5.30（c）に示すように，流量係数を保ちながら強いタンブル比を実現している。この場合，燃焼速度が改善され，熱効率が向上したと報告されている[22)]。

　スワールも燃焼改善に用いられており，四弁式エンジンでは，図 5.31 のよう

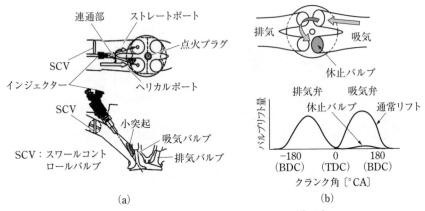

図 5.31 四弁エンジンでのスワールの形成 [23), 24)]

な方法でスワール強度を制御している。図 5.31（a）の例では，吸気ポートの一方に流れを制御する弁を設けて強いスワールを形成している。また，図 5.31（b）では，吸気弁二個のうちの片側の弁リフトを制御し，作動の休止からフルリフトまで変化させ，必要な強さのスワールを形成している。

なお，火炎伝播距離を物理的に短くするために，最近のエンジンはプラグを燃焼室中心部に配置している。プラグを 1 気筒に二個付けたエンジンも一時期あったが，この場合，圧縮比を高めることができ，出力，燃費が改善されている。

② 圧縮端温度の低下

スパークノックの抑制には，①の燃焼期間の短縮が効果的であるが，圧縮端温度を下げることも重要である。古くから使われているのがガソリンの筒内噴射であり，ガソリンの蒸発潜熱によって混合気温度を下げるもので，燃料噴射が電子制御になり，かつ高圧噴射が可能になって多くのエンジンで採用されている。この場合，微粒子の発生を抑える必要があり，低負荷では吸気管噴射を利用し，スパークノックの発生しやすい高負荷で筒内噴射をするシステムもある。さらに，噴霧形成の改善や複数回の分割噴射により，壁面付着を抑えながら圧縮端温度を低下させることが可能になっている。

残留ガスも圧縮端温度の上昇を招く要因となる。吸排気弁オーバーラップ時に残留ガスが新気に入れ替わることが望ましいが，排気マニホールドの形状によっては排気干渉と言われる現象が起きる（図 9.18 参照）。これは，排気行程終了付

近で他の気筒の排気圧力波が到達し，排気の放出を妨害するもので，高温の残留ガスが多く残る場合があるが，排気管の長さなどによって改善した例もある。

冷却水温度もスパークノック発生要因の1つである。摩擦損失や冷却損失を考えると冷却水は高温であることが望ましいが，スパークノック防止とは相反している。そのようなことから，サーモスタットの電子化によりヘッドまわりは低温に設定し，ブロックまわりは高温に設定するエンジンも開発されている。

また，ピストンや排気弁も圧縮端ガス温度を高める部分である。ピストン冷却はピストンリングからの放熱のほか，ピストン裏面にオイルを噴射することで実現している。排気弁ではナトリウムをバルブステム部（バルブの軸部分）に封入したエンジンが増えている。古くは航空機エンジンで利用されていたが，ナトリウムの流動性を利用して冷却効果を高めている。

過給機やEGRガスも圧縮端温度を高める原因になることから，インタークーラーやEGRクーラーを装着し吸気を冷却している。

③オクタン価の向上

オクタン価を高めるための取り組みについては第4章でも触れたが，原油の改質，異性化，分解によってオクタン価の高い基材を精製し，それらを混合して製品化している。今後もオクタン価の向上は進むものと思われるが，スパークノック抑制に対する化学反応を知ることも重要である。反応は複雑であるが，次のような考えが示されている[25]。

炭化水素系燃料では，750 K程度まで温度が高まると燃料中の結合の弱い水素が引き抜かれ，酸素と反応して炭化水素ラジカルRを生成する（式a）。式aのような酸素との反応ばかりでなく，OH，O，H，CH_3などのラジカルとも反応（式b）し，水素がさらに抜かれて過酸化物ができる（式c）。ここで生成された過酸化水素（H_2O_2）は，式dによりOHラジカルになる（Mは第3体）。

$$F(燃料) + O_2 \rightarrow R + HO_2 \qquad (式a)$$

$$F(燃料) + OH \rightarrow R + H_2O \qquad (式b)$$

$$F(燃料) + HO_2 \rightarrow R + H_2O_2 \qquad (式c)$$

$$H_2O_2 + M \rightarrow OH + OH + M \qquad (式d)$$

これらの反応は低温酸化反応と呼ばれており，上記のようにラジカルを生成するのみならず，発熱反応が優勢のためにエンジン内ではエンドガス温度が上昇し，

高温酸化反応，すなわちスパークノックを誘発することになる。特に，ノルマルパラフィン系炭化水素のように水素が抜き取られやすい成分は，低温酸化反応を誘発しやすい。そのため，低温酸化反応を生じにくい，あるいは生じないイソパラフィン系や高アロマ系などに精製過程で転換することが耐ノック性を高める一手法となる。

さらに，低温酸化反応では，アルキル系のラジカル RO_2 や RCHO のようなアルデヒド基が生成され（式 e），過酸化物も増え（式 f），自己着火が早まる。

$$R + O_2 \rightarrow RO_2 \text{ または } RCHO + OH \qquad\qquad （式 e）$$

$$RO_2 + RH \rightarrow ROOH + R \qquad\qquad （式 f）$$

このようなアルデヒド基や過酸化物の生成を抑えるような添加物があれば，自己着火が抑制される。半世紀前に使われていた四エチル鉛はそのような働きをするオクタン価向上剤であった。

5.5.4 その他の異常燃焼

ガソリンエンジンが開発された当初はいろいろな異常燃焼が発生したが，種々の対策で，スパークノック以外の異常燃焼は少なくなっている。以下に現在でも可能性のあるものについて概要を説明する。

(1) 表面着火（プレイグニッション）

高速，高負荷走行を続けるとプラグが赤熱し，このプラグが点火源となって点火前に着火が起こることがある。空冷エンジンやプラグの熱価選択を誤った場合に発生しやすく，スパークノックと同様，ピストンの溶解など損害の大きいトラブルの原因となる。

最近の直接噴射式エンジンでもこれに類似したスーパーノックあるいは LSPI と呼ばれる異常燃焼（プレイグニッションの一種）が認められている。連続的に発生するのではなく，低回転速度域で突然起きるとされている。考えられる原因としては，壁面に付着した燃料デポジット，オイルを含んだスートなどであり，噴霧の壁面付着量低減やオイルの変更で改善されている。

(2) 気筒外異常燃焼（バックファイヤーおよびアフターバーン）

バックファイヤーは，吸気管にたまった混合気が燃える現象で，電子制御燃料

噴射方式でもセンサーに異常がある場合やプラグが劣化した際に発生する場合がある。この現象は，低温時のような燃焼速度が遅く，排気行程終了付近までシリンダー内あるいは排気ポート付近に火炎が残っている場合で，バルブオーバーラップ（9.1節参照）の間に，この火炎が吸気管内に溜まった混合気に着火するために起こるものである。バルブオーバーラップの大きなレース用エンジンでよく見られた。

　一方，排気管内で減速時に起こる燃焼をアフターバーンと呼んでいる。この現象は，減速時に着火に至らなかった混合気が数サイクル後に排気管内で着火する現象で，レース用エンジンのように，減速時に燃料カットをしない場合に起こっている。一方，減速時に燃料カットをする最新の電子制御燃料噴射方式のエンジンでは発生しなくなった。

●参考文献

1) 吉田；気化器，鉄道日本社(1969)
2) K. Kawamura, et al.；Spray Characteristics of Slit Nozzle for DI Gasoline Engines, JSME International Journal-B, Vol.46, No.1(2003)
3) 阪上，幡山，中井，井ノ口；車と環境 パジェロ用 V6 3.5L GDI エンジンの開発，三菱自動車テクニカルレビュー，No.10(1998)
4) 大西；ガソリン噴霧挙動の光学計測とモデリング，同志社大学理工学部，千田・松村研究室(1999)
5) 小池；直噴ガソリンエンジンにおける混合気形成と燃焼，R & D Review of Toyota CRDL，Vol.33，No.4(1998)
6) 松村；ガソリン燃料噴霧と燃焼，JSAE Engine Review，Vol.7，No.4(2017)
7) 柴田ほか；第二世代 DI + PFI システムによる噴霧制御の進化，自動車技術，Vol.72，No.4(2018)
8) U. Adler, et al.；Automotive Handbook(2nd Ed.), Bosch(1986)
9) 石川ほか；高精度エンジン空気流量計測技術，電気学会論文誌．E，センサ・マイクロマシン準部門誌，Vol.126，No.8(2006)
10) 村中；新訂 自動車用ガソリンエンジン，養賢堂(2011)
11) 青山ほか；点火装置の革新的技術，デンソーテクニカルレビュー，Vol.11，No.1(2006)
12) NGK；プラグの基礎知識，プラグの種類，http://www.ngk-sparkplugs.jp/basic/index.html

13) デンソー；プラグの基礎知識，プラグの熱価，https://www.denso.com/jp/ja/products-and-services/automotive-service-parts-and-accessories/plug/basic/

14) John B. Heywood；Internal Combustion Engine Fundamentals, McGraw-Hill Education(1988)

15) 森吉；火花点火機関におけるノッキング及びプレイグニッション克服への課題，日本燃焼学会誌，Vol.54，No.170(2012)

16) J. A. Gatowski, et al.；Heat Release Analysis of Engine Pressure Data, SAE Paper 841359(1984)

17) 自動車用ガソリンエンジン編集委員会；自動車用ガソリンエンジン，山海堂(1988)

18) 飯島ほか；筒内可視化と紫外吸収分光法による予混合圧縮着火燃焼の研究，日本機械学会論文集 B 編，Vol.79，No.806(2013)

19) A. Douaud, P. Eyzat；DIGITAP-An On-Line Acquisition and Processing System for Instantaneous Engine Data-Applications, SAE Paper 770218(1977)

20) 村中，亀ヶ谷；ガソリンエンジン技術の現状と展望，自動車技術，Vol.47，No.1(1993)

21) 青山ほか；高速燃焼とグローバル生産を可能にした新レーザクラッドバルブシート技術，オートテクノロジー2019，自動車技術会(2019)

22) 青山ほか；高速燃焼とグローバル生産を可能にしたレーザクラッドバルブシート開発，自動車技術会論文集，Vol.50，No.3

23) 山岡；トヨタ・マツダの新世代リーンバーン(希薄燃焼)エンジンのすべて，自動車工学，Vol.43，No.15(1994)

24) 荻原，利光，三浦；D15B 型希薄燃焼エンジン，自動車工学，Vol.41，No.7(1992)

25) 横尾；自動車用火花点火エンジンにおけるノッキング指標に関する研究，慶應義塾大学学位論文(2017)

第6章
ディーゼルエンジン

　ルドルフ・ディーゼルがディーゼルエンジンを発明してから一世紀をはるかに超える年月が経過した。その間，ディーゼルエンジンは，原理・原則に大きな変化はないものの，各時代における新技術を積極的に取り入れて着実な進化を成し遂げてきた。特に最近では，排気の清浄化と性能向上を両立させるために高過給・高噴射圧力・多段燃料噴射化が進み，その燃焼は大きく変貌している。本章では，ディーゼルエンジンの燃焼制御において基本となる噴射系および混合気形成過程を中心に解説したのち，燃焼過程の基本とその進化する現状について詳述する。

6.1　燃料噴射系

　ディーゼルエンジンでは，出力に応じた正確な燃料噴射量を適切な時期・期間に適正な圧力で燃焼室内に噴射する調量・調時・調圧を同時に行うとともに，それにより燃料をいち早く微粒化して混合気を形成することが重要であり，それを担う燃料噴射系は，まさにディーゼルエンジンの心臓部とも言える。燃料噴射系は，図6.1のように分類され，概略的には燃料を加圧する噴射ポンプとエンジン

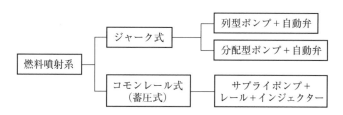

図6.1　燃料噴射系の分類と各主要構成要素

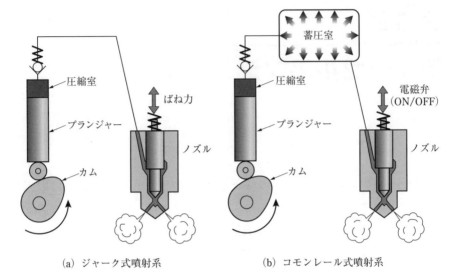

(a) ジャーク式噴射系　　　　　(b) コモンレール式噴射系

図6.2　ジャーク式噴射系とコモンレール式噴射系の比較[1]

内に噴射を行う噴射ノズルからなる。

　排出ガス規制の強化への対応および熱効率の向上を実現するために，燃料噴射
圧力の超高圧化や噴射の多段化が強く求められた結果，従来の列型あるいは分配
型のポンプによるジャーク式噴射系に代わって，コモンレール式噴射系が主流に
なっている。なお，ジャーク式噴射系においても，噴射圧力の高圧化のためにポ
ンプとノズルを一体化したユニットインジェクターが考案されたが，コモンレー
ル式噴射系の普及により，ほとんど用いられることはなかった。

　図6.2は，ジャーク式とコモンレール式噴射系を模式的に比較している。ジャー
ク式噴射系では，噴射ポンプ内のカムで適正な時期に駆動されるプランジャー
（plunger）によって燃料を直接噴射ノズルに圧送し，噴射ノズル内のばね力で決
まる開弁圧力を上回った時点で燃料噴射が行われる。一方，コモンレール式噴射
系では，サプライポンプでレール（蓄圧室）に燃料を圧送して設定圧力に蓄圧し，
インジェクター内の電動弁への開弁および閉弁信号によって噴射時期および噴射
期間（噴射量）を決定する。したがって，コモンレール式のサプライポンプは，
カムの位相に留意する必要がないばかりではなく，ジャーク式ポンプに比較して
緩やかなプロファイルのカムで十分となる。両者における燃料の調量・調時・調

表6.1 ジャーク式噴射系とコモンレール式噴射系における調量・調時・調圧方法

	調量	調時	調圧
ジャーク式	ポンプ圧送期間	ポンプ圧送時期	ノズル開弁圧力+ポンプ圧送圧力
コモンレール式	ノズル開弁期間	ノズル開弁時期	コモンレール圧力

圧方法を簡単にまとめると表6.1のとおりである。

6.1.1 ジャーク式噴射系

図6.3は，これまで大型自動車などで広く用いられてきた列型ポンプを有するジャーク式噴射系の基本構成である。なお，小型自動車では一個のプランジャーに分配器（distributor）を設けて各気筒に分配する分配型ポンプが多く用いられていたが，基本的な作動原理は同様で，いずれもジャーク式噴射系に分類される。ジャーク式噴射系では，図に示すように，燃料は燃料タンクからフィードポンプ，燃料フィルター，プランジャーポンプを経由して噴射ノズル（自動弁）から噴射される。

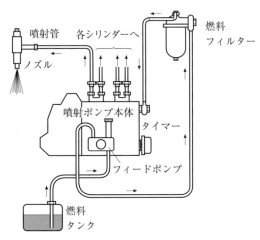

図6.3 列型ポンプを有するジャーク式噴射系の基本構成[2]

（1）列型噴射ポンプ

列型ポンプは，気筒ごとにプランジャーポンプを有しており，その内部構造および作動機構は図6.4のようになっている。4サイクルエンジンの場合には，通常はエンジンのカム軸あるいはカム軸と同位相の軸でポンプを駆動してエンジンの位相と同期する必要がある。その作動は次のようになっている。

① 燃料供給：ポンプ内のカムがプランジャーをリフトする前に，燃料はフィードポンプによってフィードホールからプランジャー室内に供給される。

② 圧送開始：①の後，カムによって駆動されるローラータペットが切欠きの付いたプランジャーを押し上げてプランジャー室内圧力を高める。

③ 圧送・噴射：ここでデリバリーバルブと呼ばれる弁のセット圧力よりもプランジャー室内圧力が高くなると噴射管内に燃料が流入する。燃料管内では圧力波の脈動にともなって圧力が上昇し，ノズル内の圧力がばね力で設定されたノズル開弁圧（図6.6参照）を超えたところで噴射を開始する。

④ 圧送終了：噴射終了は，プランジャーに設けた切欠きとフィードホールとが一致した直後となるが，厳密にはプランジャー室内の圧力降下が始まり，それにともないデリバリーバルブが降下して，この吸い戻し効果によって管内圧力が急速に低下した時点となる。

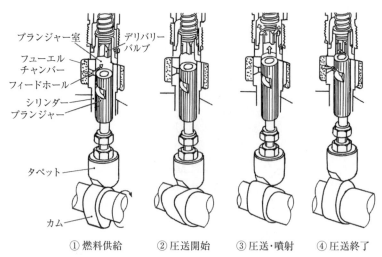

図6.4 列型噴射ポンプの内部構造および作動機構 [3]

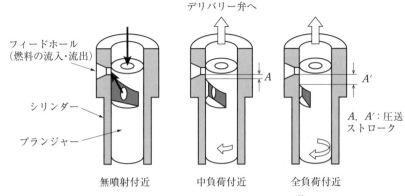

フィードホール
(燃料の流入・流出)

シリンダー

プランジャー

デリバリー弁へ

A, A'：圧送
ストローク

無噴射付近　　中負荷付近　　全負荷付近

図 6.5　ジャーク式列型ポンプの噴射量制御 [3)]

　プランジャーはコントロールスリーブを介して，ラックピニオン機構で回転するようになっており，アクセルに連動したラックによりプランジャー側のピニオンギヤを回転し，噴射期間すなわち出力に応じた燃料噴射量を調量する機構になっている。この場合，図 6.5 のようにプランジャーの切欠きとフィードホールの相対位置を変えることによって圧送ストロークを設定し，無噴射から最大噴射量の制御を行っている。

(2) ジャーク式噴射系における
ノズルの作動

　ジャーク式噴射系に用いられるノズルは，ホールノズルが多いが，燃焼室形式によってはピンタイプのような噴霧の分散や噴射率に特徴のあるノズルが使われている。ここではホールノズルを例にその作動について解説する。

　図 6.6 は，ホールノズルの針弁先端部の構造を示すものである。この図において，燃料圧力はノズル針弁のシート部上方の投影面積

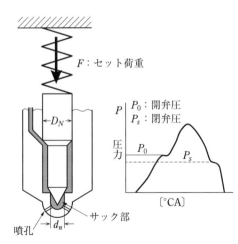

F：セット荷重

D_N

P　P_0：開弁圧
$\qquad$ P_s：閉弁圧

圧力 P_0　　P_s

〔°CA〕

噴孔　d_n　サック部

**図 6.6　ホールノズルの針弁先端部の構造と
開弁圧および閉弁圧**

にかかるため，この力がスプリングのセット力よりも大きくなったときに弁が開いて噴射が開始する。この際の圧力を開弁圧 P_0 と呼び，セット力 F との関係は，

$$F < \frac{\pi(D_N{}^2 - d_n{}^2)P_0}{4} \tag{6.1}$$

で示される。

　一方，弁が閉じるまでは受圧面積が針弁径相当となるために，閉弁時の燃料圧力 P_s とセット力 F との関係は，

$$\frac{\pi D_N{}^2 P_s}{4} < F \tag{6.2}$$

となり，閉弁圧は開弁圧よりもわずかに低い値となる。開弁圧の設定は，ノズルホルダー内に組み込まれたスプリング調整ねじで設定するが，気筒間ばらつきのないように管理する必要がある。

6.1.2　コモンレール式噴射系

　図 6.7 はコモンレール式噴射系の基本構成である。サプライポンプの構造は図 6.8 に示すとおりであり，対向するプランジャーをカムによって駆動して高圧を発生させている。燃料噴射時期はインジェクター（injector，噴射弁）への電子信号よって設定されるので，ジャーク式のようにエンジンとポンプの位相を合わせる必要はない。ただし，180 MPa を超える圧力を発生させるため，図 6.8 に示すようにアウターカムを用い，プランジャーを面接触でリフトさせるようにしている。高圧になった燃料はレールに送られるが，運転条件に応じた燃料圧力にきめ細かく制御しており，余剰の燃料は圧力リミッターを経由して燃料タンクに戻される。このような噴射制御のため，各部圧力や温度，空気量，および EGR 量などの十数個のセンサーからの信号を演算し，インジェクターへの信号をはじめとした数個のアクチュエーターを作動させるなど，ECU の高性能化が図られている。あわせて，180 MPa を超える燃料圧力に耐えることができるのは，材料，加工技術，燃料漏れなどへの技術開発が同時に進展した結果でもある。

　コモンレール式の場合，インジェクターはレールに直結しており，高圧化された燃料が常時ノズルに供給されている。インジェクターはこの高圧化された燃料

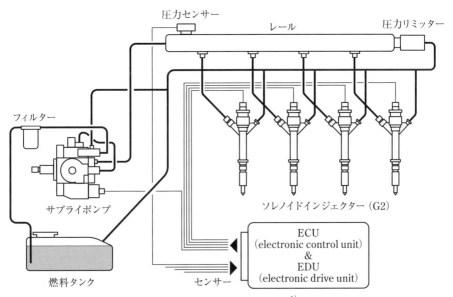

図 6.7　コモンレール式噴射系の基本構成 [1]（動画あり）

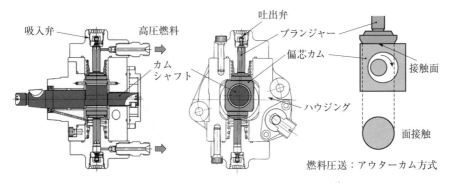

燃料圧送：アウターカム方式

図 6.8　コモンレール式噴射系におけるサプライポンプの構造 [1]（動画あり）

を ECU からの指令信号に応じてノズルを開閉し，噴射時期および期間を制御している。インジェクターは，ソレノイド（solenoid，電磁弁）タイプが主流であるが，狭い間隔の多段噴射を広い運転範囲で達成するために，応答性の良いピエゾ（piezo）タイプも一部導入されている。

(1) ソレノイド式インジェクター

　コモンレール式噴射系の主流であるソレノイド式インジェクターの構造と作動原理は，図6.9のとおりである。サプライポンプからレールを介してインジェクター先端まで高圧化した燃料が常時供給されていて，インジェクター内の制御オリフィス部分を電磁弁で開閉することによって安定した高圧噴射を実現している。図6.9（b）左側の図は噴射前の状態で，ノズル針弁には常時開弁させようとする上向きの力が作用するとともに，針弁上のコマンド室にも高圧燃料が供給されていて，面積比倍の力で針弁を抑えている。図6.9（b）中央は噴射開始時の図で，電磁弁に通電して制御バルブを開放すると，コマンド室の燃料圧力が低下し，抑えていた力が除去されて針弁が上向きに動いて燃料が噴射される。設定噴射量に達したら，図6.9（b）右側の図のように，再び出口オリフィスを閉じることによって高圧燃料をコマンド室に流入させて閉弁する。

　この方式によって多段噴射が可能となり，主噴射直前のパイロット噴射で騒音やNO$_x$を抑制し，ポスト噴射で触媒を活性化するなど，燃費の犠牲を最小限にしながら排気ガス規制に対応できることから，現在では小型から大型の自動車用エンジンに広く使われている。

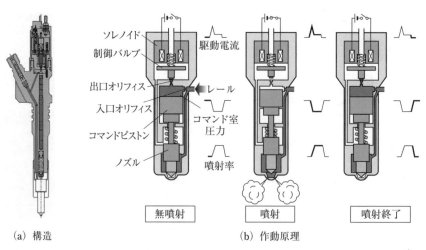

ソレノイド		駆動電流
制御バルブ		
出口オリフィス		レール
入口オリフィス		コマンド室圧力
コマンドピストン		
ノズル		噴射率
無噴射	噴射	噴射終了

（a）構造　　　　　　　　　　（b）作動原理

図6.9　コモンレール式噴射系におけるソレノイド式インジェクターの構造と作動原理[1]
（動画あり）

(2) ピエゾ式インジェクター

　図6.10はピエゾ式インジェクターの構造および作動を示している。ピエゾスタックは，電荷のON/OFFによって伸縮する特性があり，その微小変位を増幅ユニットで変位拡大し，これと連動する圧力制御三方弁を駆動している。電荷を与えるとスタックは膨張し，三方弁を下方に移動させ，ノズル背面の制御室の圧力を下げることでノズルの開閉を可能にしている。この場合，弁前後のオリフィスが重要な役割をしており，応答性の改善にも効果を発揮している。

　ソレノイド式との違いは，応答速度が速くエンジンの高速化に対応できることであり，例えば主噴射直前にプレ噴射を行う場合には両者の噴射間隔を短縮する必要があるが，これらの要求に応えられるシステムとして利用が期待されている。最小噴射間隔はソレノイド式では0.4〜0.7 msであるのに対し，ピエゾ式で0.1 msまで短縮できる。現在では，噴射期間が1 ms以下の微小噴射量のマルチ噴射を行ってもサイクル間変動が少なく，制御性に優れた噴射系が実現できている。

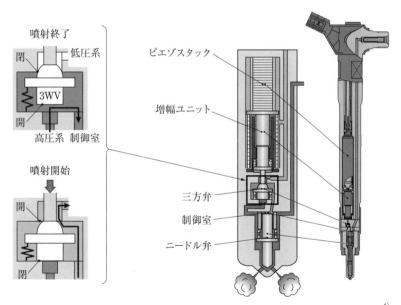

図6.10　コモンレール式噴射系におけるピエゾ式インジェクターの構造と作動原理[4]
　　　　（動画あり）

6.1.3 噴射ノズル

ジャーク式およびコモンレール式噴射系のインジェクター先端部には噴射ノズルが組み込まれている。ジャーク式ではピン型ノズルも利用されたことがあるが，現在はコモンレール式を含めホール型が一般的である。ホールノズル先端には直径 2～3 mm 程度のサック部（図 6.6 参照）があって，0.1～0.3 mm 程度の微細な孔が 4～12 個あけられており，最近では高圧噴射化にともなって多噴孔・小噴孔径化の方向にある。

ジャーク式では燃料圧力が 40 MPa 程度であったため，貫徹力を確保するには0.3 mm 程度の噴孔が必要であった。一方，コモンレール式では 250 MPa を超える高圧化が可能になったことから，微粒化促進や壁面燃料付着抑制のために0.1 mm 程度の噴孔が使われている。このような微細加工にはドリルや放電加工，流体研磨などの超精密加工技術が適用されており，現在では噴孔径 0.1 mm 以下のノズルに加えて，図 6.11 のような噴孔出口部を座グリ（開口部を一段広げる加工）したものやテーパーの付いた噴孔も製作可能になっている。これらによって，噴霧の広がりや貫徹力を改善している。

6.1.4 噴射特性

燃料噴射の時間的特性には，噴射時期，期間，および噴射率（単位時間当たりの噴射量）があり，これらを噴射特性と呼んでいる。

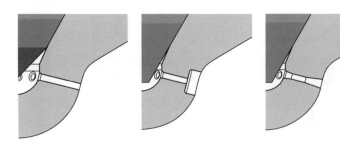

(a) ストレート噴孔（標準）　　(b) 座グリ噴孔　　(c) テーパー付き噴孔

図 6.11 噴射ノズル噴孔部の形状[5]

（1）噴射時期

　噴射時期は燃焼位相を左右し，ひいては出力，熱効率，排気ガス，および騒音などに影響を及ぼす非常に重要な特性値である。近年では，NO$_x$および騒音対策などから噴射時期を上死点近くまで遅角していることが多い。

　ジャーク式噴射系の噴射時期制御は，長い間フライウエイトなどを利用したメカニカル式（オートタイマー）であったが，電子ガバナーの開発によって噴射時期設定の自由度が向上した。さらに，コモンレール式では，電子信号で噴射時期が設定できるため，ガソリンエンジンの点火時期と同様に，運転条件に応じた最適噴射時期をマップ化して制御している。また，多段噴射に対応した噴射時期制御も可能になっており，燃費，排気ガス，および騒音の改善に大きく寄与している。

　図6.12は多段噴射を行った場合のノズルリフトおよび噴射率の一例を示している。図に見られるように，メイン噴射以外にも従来の騒音対策のためのパイロット噴射に加え，NO$_x$低減のためのプレ噴射，微粒子（PM）低減のためのア

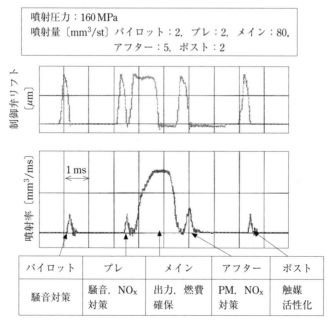

図6.12　コモンレール式噴射系における多段噴射の一例と各噴射のねらい[6]（動画あり）

フター噴射，および触媒の活性化のためにポスト噴射を行うなど，五段噴射が実用化されている。この場合，要求される噴射間隔に対応するためにはソレノイド方式の応答性が限界に達しており，最近では駆動源に応答性の良いピエゾ方式が使われるようになっている。

(2) 噴射期間

噴射期間が長期化すると膨張行程での噴射量が増えて燃焼が悪化するため，噴射は可能な限り短期間で完了する必要がある。特に，エンジンを高速化する場合やノズル噴孔径を縮小した場合などには，一定期間内で噴射量を確保するために噴射圧力の高圧化が必要となる。そのため，コモンレール式では，当初は 120 MPa 程度であった圧力が排出ガス規制強化にともなって高圧化し，300 MPa 程度を目指して開発が進められている。

(3) 噴射率

噴射率は単位時間当たりに噴射される燃料量であり，燃焼様態を支配する重要なファクターである。一般に熱効率を改善するには燃焼期間を短縮することが求められるが，そのためには噴射率を増大させて噴射期間を短縮する必要がある。これまでのジャーク式噴射系では，ポンプ内のプランジャー径およびノズル噴孔径を拡大するなどして対応してきたが，噴孔径の拡大は微粒化特性の悪化を招く問題があった。一方，コモンレール式では高圧化によって必要な吐出量が確保できるので，小噴孔径でも高い噴射率が確保でき，また，多段噴射のような噴射期間の短い場合でも必要な噴射量が得られるなど，噴射率制御の自由度が飛躍的に高くなっている。例えば，壁面近傍の燃焼量を抑制して冷却損失の低減を図ることを目途とし，部分負荷など運転条件によっては，あえて噴霧の貫徹力を抑えるために 1 回に 1 mm^3 程度の微小噴射を短期間に繰り返し行うことなども試みられている。このような噴射を実現するためにはピエゾ方式のインジェクターの利用が有効となる。

図 6.13 は，同一ノズル・同一噴射量の噴霧を三通りの噴射圧力で高圧容器内に噴射した際の噴射率〔mm^3/ms〕（298 K，高圧アルゴン雰囲気，密度：20 kg/m^3）および熱発生率〔kJ/ms〕（6.3 MPa，1 100 K，酸素濃度 16 %）を示している。噴射圧力の増加により噴射率が向上し，100 MPa に対して 300 MPa では噴射期間がほぼ半減している。熱発生率は，高圧化による噴射率の向上に対応して着火が早まり，熱発生率のピーク値が増加して後燃えが減少している。

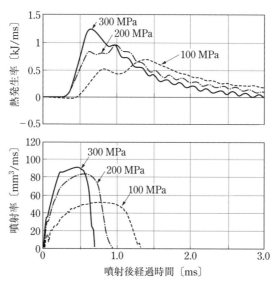

図 6.13 噴射圧力が噴射率および熱発生率に及ぼす影響
（噴射量：55 mm³, 噴孔：φ0.16 mm×8)[7]

6.1.5 噴霧特性

　噴霧の空間的特性，すなわち到達距離，粒径分布，および噴霧角などを噴霧特性と呼んでいる。これらは以下に述べるとおり噴射圧力やノズル噴孔径に左右され，ひいては燃焼の良否に影響する。

　ホールノズルのように小噴孔から高速で燃料を噴射する場合の噴霧形状は，図6.14のような円錐形になる。噴霧中心部は噴孔径の数倍の距離まで液柱状であり，これを分裂長さと呼んでいる。その後，液柱は主噴霧域から分裂して微細な液滴となり，前進するにつれて蒸発しながら周囲の空気を取り込んで希薄化した混合域を形成する。一方，先端部は空気を取り込みながら速度が低下して後続の噴霧によって押し出され滞留部分を形成する。ノズル先端からこの噴霧の先端までを到達距離と定義している。このような噴霧の発達にともない燃料の微粒化が進んでいくが，その過程は次のように考えられている。

　①　表面張力あるいは周囲空気との圧力バランスが変化することによって噴霧に振動が起こって液膜状の噴霧が形成され，主流からちぎれて破片となる。

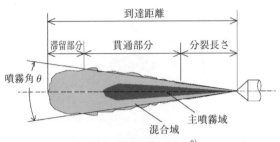

図6.14　燃料噴霧の構造[8]

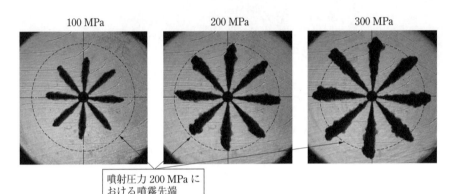

図6.15　噴射後0.6 ms 経過した時点における噴霧の影写真画像（図6.13に対応）
（高圧アルゴン雰囲気，密度：20 kg/m³，298 K，噴射量：55 mm³，
噴孔：ϕ 0.16 mm×8）[7]

② この破片は表面張力で球形となるが，速度が速い場合には空気抵抗による
せん断力が働き，さらに微粒化が進む。

図6.15は，図6.13と同一条件（高圧アルゴン雰囲気，密度：20 kg/m³）にお
ける噴射後0.6 ms 経過した時点における噴霧の影写真画像である。噴射圧力の
増加とともに到達距離が著しく増加する一方，噴霧角にはさほどの大きな差異が
ないことがわかる。また，写真は8噴孔ノズルからの噴霧であるが，いずれの噴
射圧力でも噴霧間で到達距離などの噴霧形状のばらつきは非常に少ない。噴霧間
でばらつきがあると，性能低下や排気エミッション悪化の原因となるが，吸排気
四弁化でインジェクターを燃焼室の中心に垂直に搭載することが可能になったこ
とにより，吸排気二弁でインジェクターを傾斜させて搭載していた場合（図6.18

参照）に比較して噴霧間のばらつきが減少している。

（1）粒径分布

　燃料噴霧が周囲空気に触れる単位燃料量当たりの表面積は，おおむね粒径に反比例して増加するため，平均粒径が小さくなるほど蒸発・混合が促進される。そのような噴霧を評価するため，噴霧粒径の比較にはザウター平均粒径 D_{32} を用いる場合が多い。ザウター平均粒径とは，粒子の燃焼時間に関連する総体積（粒子体積×粒子数）を，燃焼速度に関連する総表面積（粒子表面積×粒子数）で割ったものであり，式（6.3）で示される。

$$D_{32} = \frac{\sum (x_i^3 \cdot n_i)}{\sum (x_i^2 \cdot n_i)} \tag{6.3}$$

　　x_i：各粒子径，n_i：x_i の個数

　粒径分布については，レーザー計測技術が利用されるようになって測定も簡便になり，多くの報告例がある。ジャーク式噴射系時代はザウター平均粒径が30〜40 μm であったが，図6.16で示すようにコモンレール式噴射系による高圧化によって 10 μm 程度まで微粒化できている。このように噴射圧力の増加は，微粒化促進の直接的因子になっているが，図6.16のとおり，噴射圧力が 200 MPa を超えるとその高圧化自体による直接的な微粒化効果は減少する。しかし，噴霧体積が増える効果に加えて，噴射圧力の増加で可能になる噴孔径の縮小によって，

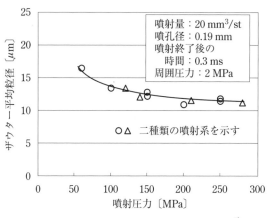

図6.16　噴射圧力に対するザウター平均粒径 [9]

さらなる微粒化促進や壁面付着抑制も期待できる。

(2) 噴霧到達距離（貫徹力）

ディーゼル燃焼で負荷が高い場合などには火炎中を噴霧が進行するため，噴霧の貫徹力が弱いと到達距離が減少して火炎中に過濃混合気が滞留しスートが増加する。そのため噴霧の貫徹力を強化することにより到達距離を確保することが重要である。一方，貫徹力が強くなると燃焼室壁面に衝突する噴霧が増加することから，衝突前に微粒化が進んでいる必要がある。

一般に噴霧到達距離は，常温高圧容器内に噴射した場合の経過時間と距離の関係から求められており，図 6.17 はその一例（図 6.13 および図 6.15 に対応）である。噴霧到達距離は，噴射圧，噴孔径，および背圧等で変化するが，この噴霧到達距離に対する近似式として次の式 [10] が提案されている。すなわち，

$0 \leq t < t_b$ では，

$$s_1 = 0.39\sqrt{\frac{2\varDelta P}{\rho_l}} \cdot t \quad , \quad t_b = 28.65\frac{\rho_l d_0}{\sqrt{\rho_a \varDelta P}} \tag{6.4}$$

$t \geq t_b$ では，

$$s_2 = 2.95\left(\frac{\varDelta P}{\rho_a}\right)^{0.25}\sqrt{d_0 t} \tag{6.5}$$

$\varDelta P$：圧力差〔Pa〕，s_1, s_2：到達距離〔mm〕，

t_b, t：分裂時間，経過時間〔ms〕，

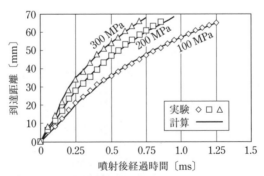

図 6.17 噴射圧力と噴霧到達距離
（図 6.13 および図 6.15 に対応, 雰囲気密度 200 kg/m³, 293 K）[7]

ρ_a, ρ_l：空気および燃料密度〔kg/m³〕，d_0：噴孔径〔mm〕

となる。

図 6.17 の各実線は式 (6.5) で求めた計算値であり，実験値とよく一致している。なお，実際には噴霧は高温中を進行することから，周囲気体の粘性抵抗の増加や蒸発をともなうために，常温で得られた結果よりも到達距離は若干短くなる傾向がある[11]。

(3) 噴霧角

高速の噴霧が空気を巻き込んで噴霧外形を形成するが，その広がり角度を噴霧角と定義している。ホールノズルの場合には，噴霧角が広くて到達距離が大きいほうが空気の取り込みが良いことになって燃焼改善につながる。ただし，同等の噴射エネルギーであれば到達距離と噴霧角は相反し，噴霧角が広がると到達距離は減少する。噴霧角を変更するには噴射圧力を高めることが効果的であるが，そのほかにも噴孔長さと噴孔径の比（L/D）を変更することによって若干変えることができる。

図 6.18 はノズルホルダーが傾斜して装着されている場合の噴霧写真であるが，噴孔長さが長いほう（$L/D=6$）が噴孔内での整流効果により噴霧角は小さくなる。逆に噴孔長さが短い場合には，噴孔入口での乱れが出口まで残るため，貫通力は弱まるものの噴射後の分裂が早期に起こって噴霧角が若干大きくなる。到達

(a) $L/D = 2$　　　　　　　　(b) $L/D = 6$

図 6.18　ノズルの噴孔長/径（L/D）比と噴霧形状（噴射後 1.5 ms）[12]

距離と噴霧角から噴霧を円錐とみなして噴霧体積の概算値を求めることができ，ひいては燃焼に大きな影響を及ぼす噴霧内平均当量比が算出可能となる。そのため，噴霧角は燃焼のモデル化には有用な因子であり，雰囲気条件やノズルの噴孔長さと噴孔径の比（L/D）などから噴霧角を与えるいくつかの実験式が提案されている。しかし，まだ広い条件で一般的に利用できるものは見当たらないことに加えて，計測においても噴霧角をなす噴霧の境界の定義があいまいなことが多く，その取り扱いには注意が必要である。

6.2　ディーゼルエンジンの分類

ディーゼルエンジンは，燃焼室の形態によって単室式（open chamber）と副室式（divided chamber）の二種類に分類される。単室式は，ピストン上部に凹形に形成した燃焼室に直接燃料を噴射するもので，直接噴射式（DI式：direct injection）とも呼ばれている。副室式（IDI式：indirect injection）は，シリンダーヘッドに設けた副室内に燃料を噴射するもので，さらに予燃焼室式（prechamber）と渦流室式（swirl chamber）の二形式が存在する。両者とも主室と副室は連絡孔でつながっており，燃料は通常ピン型ノズルによる噴霧を副室内に噴射して燃焼を行う点で共通している。噴射圧力は 10～20 MPa 程度で直接噴射式と比較してはるかに低圧で十分であり，スワールも必要がない。

予燃焼室式は，ピストン面積の 0.5% 程度の主燃焼室との連絡孔を通して，約 100 m/s のガス流が圧縮行程中に予燃焼室内に流入（押込み渦流）して混合気を形成する。予燃焼室は上死点における全燃焼室の 40% 程度の容積を有しており，予燃焼室内で着火し，その未燃焼ガスが噴流となって主燃焼室に噴出（燃焼渦流）して主燃焼室ではほぼ完全燃焼する。

渦流室式は，連絡孔面積がピストン面積の 2～3.5% で，副室容積が全燃焼室容積の 60～70% であり，いずれも予燃焼室式に比べて大きくなっている。基本的には渦流室内で大部分の燃料を燃焼させるが，高負荷では一部が主燃焼室に噴出して燃焼する。すなわち，予燃焼室式では燃焼渦流と主燃焼室内の燃焼が主体となるのに対して，渦流室式では押し込み渦流と渦流室内の燃焼が主体となるのが基本的コンセプトの相違点である。

表 6.2　ディーゼルエンジンの燃焼室形式とその特徴およびこれまでの主な用途

形式	形状	混合気形成	長所・短所	これまでの用途
直接噴射式 (direct injection)		噴射エネルギー スワール スキッシュ	熱効率が高い 始動性が良い 騒音大 高圧噴射が必要	自動車 鉄道車両 舶用 農機，建機 発電
渦流室式 (swirl chamber)		押込み渦流 燃焼渦流	高速性能が良い 始動性が悪い	小型自動車
予燃焼室式 （pre-chamber）		燃焼渦流 押込み渦流	燃料噴射に対するロバスト性が高い 熱効率が低い	小型農機 小型建機 鉄道車両

　これらの特徴を，形状，混合気形成，長所・短所，およびこれまでの使用用途などにより区別すると，表 6.2 のようになる。副室式は，燃焼室の表面積/容積比が大きいことなどのために冷却損失が多くなり，熱効率が直接噴射式に及ばなかったが，混合気形成に優れ静粛なこともあり小型高速エンジンを中心に用いられてきた。しかし，コモンレール式噴射系の普及により直接噴射式の混合気形成が大きく向上したため，現在，副室式ディーゼルエンジンは一部の小型エンジンを除いてほとんど使われなくなっている。したがって，次節では直接噴射式における混合気形成と燃焼の各過程について記述する。

6.3　ディーゼルエンジンの混合気形成と燃焼

6.3.1　混合気の形成

(1) 噴射エネルギーによる混合気の形成

　混合気の形成には，噴射エネルギーと空気流動の両者を利用しているが，特に燃焼室径が小さい小型エンジンでは，燃焼室壁面に噴霧が衝突することから，衝突後の噴霧の混合気形成も重要となる。

①ノズル噴孔数

ノズル噴孔数の増加は，総噴霧体積の増加をもたらすため，燃焼室内での空気利用率を高めるうえで有効である。しかし，従来のジャーク式では噴射圧力が低いことに加えて，混合気形成を強いスワールに依存していたため，噴孔数が増加すると噴霧間間隔が狭くなって，隣接する噴霧が形成した既燃焼領域に噴射後期の噴霧が進入して燃焼を悪化させる噴霧間干渉を生ずるという問題があった。そのため，ボア 100 mm 程度のエンジンでは 4 噴孔程度が通例であったが，高圧噴射になってスワールを弱めることができ，スワールに流される既燃焼領域が減少したため，噴孔径の小さな 5～12 噴孔が用いられるようになった。

②噴射圧力とノズル噴孔径

図 6.19 は，噴射圧力が 40 MPa（A：4 噴孔，スワール比 2.6，噴孔径 0.38 mm）と 150 MPa（B：6 噴孔，スワール比 0.9，噴孔径 0.17 mm）の場合のディーゼル燃焼室内の高速度燃焼写真である。A の噴射圧力 40 MPa では，ノズル近傍で輝炎（赤黄色，図では白色）を生じ，時計回りのスワールに輝炎が流されている様子がうかがえ，高濃度のスート生成を示す輝炎が多くなっている。一方，B の噴射圧力 150 MPa では，輝炎はスワールにほとんど流されることなく広がり，ノズルから離れた燃焼室外周部に輝炎が観察できるが，全体的に輝度は低くスートの減少に対応して噴射後 45°では輝炎がほとんどなくなっている。

このように噴射圧力を増加することにより噴射の初速度が増加し，これによって微粒化を促進できるとともに，過濃領域が減少して燃焼時間が短縮され，スートの少ない燃焼が実現できる。さらに噴射圧力の増加は，小噴孔径ノズルでも強い貫徹力と短い噴射期間を確保できるため，従来 0.3 mm 程度であった噴孔径が 0.1 mm 程度まで小径化が可能となり，これも微粒化促進に対して相乗的に作用している。

③壁面衝突噴霧

図 6.20 は（a）自由噴霧と（b）壁面衝突噴霧を比較した写真である。外観写真から推定した噴霧体積は後者のほうが 1.5 倍程度大きいが，壁面衝突噴霧の場合には図 6.20（c）の断面写真に見られるように，衝突中心部に噴霧の存在しない領域があり，周囲に大きな楕円渦を作りながら拡大している。この場合，噴霧衝突中心部の噴霧体積は小さく自由噴霧との噴霧体積の差は少ない。一時期，噴

霧を壁面に衝突して混合気形成を改善する試みがあったが，高速の高温燃焼ガス噴流が衝突するため，壁面への熱伝達が増加して冷却損失を増大させることから，近年は壁面衝突を可能な限り少なくする方向になっている。

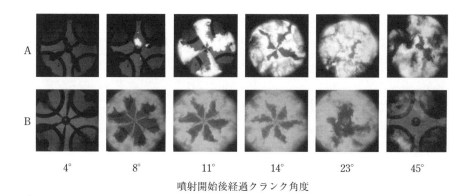

噴射開始後経過クランク角度

	噴射圧力	噴射ノズル	噴射時期	スワール比	燃焼室径
A	40 MPa	φ0.38×4	6°CA BTDC	2.6	80 mm
B	150 MPa	φ0.17×6	9°CA BTDC	0.9	90 mm

図 6.19 ディーゼル燃焼火炎（噴射圧力による差異）[13]（動画あり）

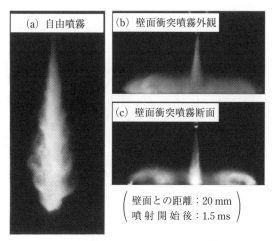

$$\left(\begin{array}{l}壁面との距離：20\,mm\\噴射開始後：1.5\,ms\end{array}\right)$$

図 6.20 自由噴霧と壁面衝突噴霧[14]

（2）燃焼室内ガス流動による混合気の形成

①スワール

　高圧噴射を行っても噴霧中心部は過濃混合気となるため，ガス流動により新気との混合を促進させる必要がある。その1つの方法としてスワールを用いているが，燃焼室の大きさ，形状，および噴霧特性によってスワールの強さを選択することが必要である。スワールの強さは平均スワール比で示され，その測定には，後述する（図9.4参照）定常流を利用したスワールテスタを用いるのが一般的である。平均スワール比は，エンジン回転速度に対するシリンダー内のスワール回転速度の比であり，4程度まで使われている。

　平均スワール比は，図6.21に示すようなポート形状などによって変化するが，各方式は次のような特徴を有している。

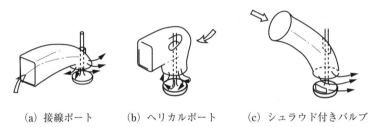

(a) 接線ポート　　　(b) ヘリカルポート　　　(c) シュラウド付きバルブ

図6.21　ポート形状とスワール形成[15]

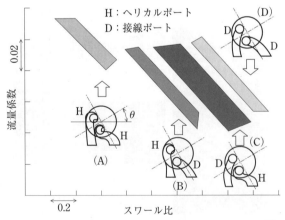

図6.22　四弁式エンジンにおけるスワール比と流量係数[16]

a）接線ポート

　バルブ出口流速の水平分速を利用するもので，平均スワール比が1〜2程度と低く，流路抵抗も大きいため，あまり利用されていない。

b）ヘリカルポート

　バルブステム付近でポートにねじれ部を作り，バルブからの回転流で渦を形成する形式である。流路抵抗が小さく，かつスワール比を幅広く設定できることからもっとも多く使われている。特に最近では四弁式が主流となり，図6.22に示すようにスワール比のコントロールも容易になっており，流路抵抗を増加させないで必要なスワールを確保できるバルブ配列が明らかになってきている。

c）シュラウド付きバルブ

　高スワールを必要とするM形燃焼室（図6.23参照）等では，バルブの一部に障壁を取り付け，流れを一方向に片寄らせることにより強いスワールを作っており，平均スワール比4以上まで可能である。しかし流路抵抗が大きく，出力の点では不利な方式であり，現在用いられていない。

②燃焼室形状とガス流動

　図6.23は，直接噴射式エンジンの代表的な燃焼室である。燃焼室形状としてはトロイダル形（図（a）大口径浅皿形，図（b）小口径深皿形）が多かったが，多

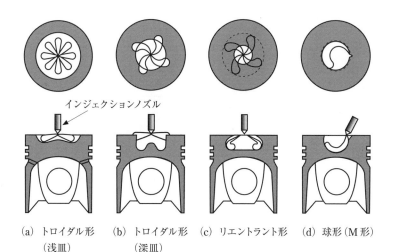

（a）トロイダル形　（b）トロイダル形　（c）リエントラント形　（d）球形（M形）
　　（浅皿）　　　　　（深皿）

図6.23　直接噴射式ディーゼルエンジンの燃焼室形状[17]

角形燃焼室や燃焼室入口部にリップを取り付けたリエントラント形（図（c））など，燃焼改善および排気対策のために種々の形状が考案されている。ディーゼルノック音の改善策として開発された壁面蒸発燃焼方式を採用する M 形燃焼室（図（d））は，低温時の臭気などの問題が解決できず，現在は利用されていない。最近では，ほとんどがトロイダル形かリエントラント形のいずれかであり，噴射圧力の増加にともなっていずれも大口径・浅皿形となる傾向が強い。

スワールは吸気行程で発生させるものであり，シリンダーボア径に相当した大きさで旋回する渦流である。この渦は，圧縮行程で減衰しながら燃焼室内に移動するが，この際の燃焼室内のスワール強さは，運動量保存の関係から次式で示される。

$$S_c = \left(\frac{D_b}{D_c}\right)S_i \tag{6.6}$$

S_c：燃焼室内スワール比，D_c：燃焼室径，

S_i：スワール比，D_b：シリンダー径

図 6.24 は，燃焼室内スワール比の圧縮上死点近傍での変化を調べた例であるが，トロイダル形に比べて，リエントラント形のほうが上死点から膨張行程でのスワールが強くなっており，スートの再燃焼には有利に働くと思われる。

③スキッシュおよび逆スキッシュ

空気流動による混合気形成には燃焼室内スワールが主として利用されるが，ス

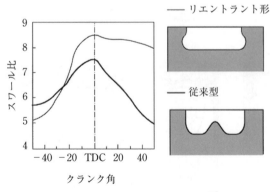

図 6.24　燃焼室形状とスワール比[18]

キッシュ流も重要である。スキッシュ流は，図 6.25 に示すようにピストン上面とヘッド面で圧縮された空気が燃焼室内に縦渦となって流入するもので，この強さは上死点におけるヘッドとピストン上面とのすきま（ヘッドクリアランス）で決まる。また，膨張行程では，燃焼室からヘッドクリアランス部分に向かって混合気が逆流する逆スキッシュを生ずるが，これを有効に利用することにより微粒子排出や後燃えの改善などが可能となる。しかし，燃焼室内ガス流動は，壁面への熱伝達を抑制し冷却損失を低減するためには弱いほうが良い。最近では燃料噴射圧力の増加により，スワールおよびスキッシュともに弱める傾向にある。それでも最小限の流動は必要であり，特に高負荷ではまだガス流動への依存度が高い。

図 6.26 は，最近の燃焼室の一例である。従来のリップ形に比べ，スキッシュエ

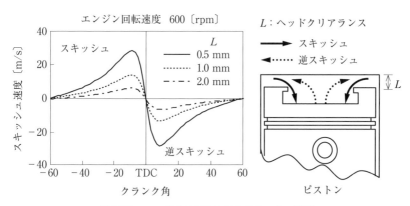

図 6.25 ヘッドクリアランスとスキッシュ速度

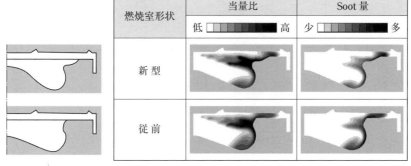

図 6.26 スキッシュエリアを工夫した燃焼室[19]（動画あり）

リアを少なくした段付きリップ形のエンジンが小型エンジンで多くなっている。この場合の CFD（computational fluid dynamics）解析結果を見ると，従来底部に滞留していた濃い混合気が減り，スートの改善も実現できている。

6.3.2　ディーゼルエンジンの燃焼

　ディーゼルエンジンの燃焼は，基本的に図 6.27 に示すような 4 つの期間に分類される。最近では，コモンレール式の普及により多段噴射が多用されるようになって熱発生率の様態は大きく変化しつつある。図は上死点に近い圧縮行程で単段噴射を行った従来の典型的なディーゼル燃焼の例であるが，これらの期間で生じている諸現象は多段噴射を行った場合でも，その燃焼過程は以下の四段階のいずれかに該当する。

(1) 着火遅れ期間（ignition delay period）

　燃料噴射開始から着火に至るまでの期間をいう。図 6.19 の燃焼火炎高速度写真で噴射開始後 4° は着火遅れ期間の画像であるが，噴霧は燃焼室内を進行し，B の噴射圧力が高い場合にはすでに燃焼室壁面に至っているものの，まだ火炎は観

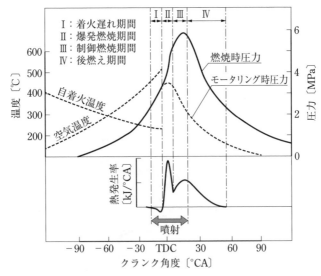

図 6.27　ディーゼルエンジンの燃焼過程（単段燃料噴射時）

察されず，明確な熱発生は生じていない。この期間の現象は，物理的遅れと化学的遅れに分けて考えることができる。図 6.28 のとおり，物理的着火遅れは，噴射した燃料が分裂・微粒化，蒸発して可燃混合気を形成し，化学反応が生ずる温度に達するまでの過程である。一方，化学的着火遅れは，蒸発した燃料が加熱されて熱分解や低温酸化反応などの化学反応を生じ，高温酸化反応による顕著な熱発生を開始するまでの過程である。これらは時系列でいうと，物理的遅れの後に化学的遅れが生ずることになるが，一部の燃料は噴射直後の比較的早期から蒸発まで至って熱分解を開始しており，両過程は重複して同時進行していると考えられている。

直接噴射式エンジンの着火遅れは通常 1 ms 前後であり，小型エンジンの場合にはこの期間までに噴霧は燃焼室壁面まで達していることが多い。通常の直接噴射式エンジンの着火は，早い時期に噴射された噴霧の外周部で生じ，一瞬のうちに次の爆発燃焼期間（非伝播型予混合燃焼）に移行する。なお，着火遅れに影響を及ぼす因子の主なものとしては，次のようなものがある。

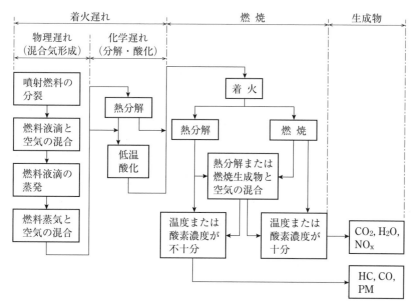

図 6.28 ディーゼル燃焼における諸現象[20]

①運転条件（燃料噴射時期，負荷，回転速度）

　燃料噴射時期は，圧縮ガス温度が高くなる上死点付近に設定した場合に着火遅れがもっとも短くなる。負荷に関しては，シリンダー壁温および残留ガス温度が高くなる高負荷では，圧縮端における温度も高くなって着火が若干早くなるが，さほど大きくは変化しない。一方，回転速度が速くなると，温度上昇やガス流動の増加などで絶対時間の着火遅れは短縮することが多いが，クランク角度で比較した着火遅れは回転速度によってさほど大きくは変化しないか，わずかに増加することが多い。

②吸気条件（圧力，温度，ガス組成）

　吸気温度および吸気圧力が上昇すると燃焼室内温度あるいは圧力が高くなり着火遅れは短縮する。一方，EGR により吸気酸素濃度を低下させると着火遅れは増加する。図 6.29 は吸気温度および吸気酸素濃度に対する着火遅れを四通りのセタン価（CN）について調べた結果である。図（a）に示すように吸気温度の低下に対して着火遅れは直線的に増加するが，セタン価が高いとその変化は少ない。一方，図（b）に示すように吸気酸素濃度の低下とともに着火遅れの増加の度合いが顕著になる。特に，低セタン価において変化が大きく，比較的高い酸素濃度でも失火に至っている。図 6.29 の条件は EGR 率，EGR クーラー，およびインタークーラーで通常設定できる範囲であるが，その範囲では吸気酸素濃度のほうが吸気温度よりも着火遅れに対して及ぼす影響が大きいことがわかる。

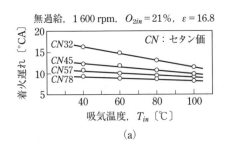

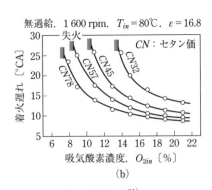

図 6.29　吸気温度（a）および吸気酸素濃度（b）と着火遅れ[21]

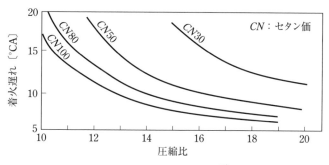

図 6.30　圧縮比と着火遅れ[22)]

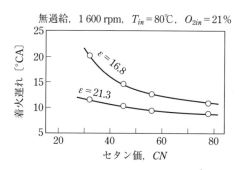

図 6.31　セタン価 CN と着火遅れ[21)]

③圧縮比

　圧縮比は，圧縮端の圧力および温度の両者に影響し，ひいては着火遅れを大きく左右する。図6.30は，CFRエンジンで圧縮比と着火遅れの関係を，燃料のセタン価を変更した場合について調べた結果である。図のように，圧縮比の低下に対して着火遅れは長くなるが，その増加は直線的ではなく，圧縮比の低下にともなって顕著になる。

④燃料のセタン価

　燃料のセタン価の低下にともなって着火遅れは増加するが，一般にその変化は直線的ではなく，図6.31に示すように低セタン価になるほど，それらの低下にともなう着火遅れの増加の度合いが顕著になり，その程度は圧縮比が低いほど著しくなる。

(2) 爆発燃焼期間（explosive combustion period）

　主に着火遅れ期間中に生じた予混合気が着火直後に急速燃焼し，図6.27のとおり熱発生率が大きなピークを呈した後に，予混合気がいったん燃え尽き，次の制御燃焼が支配的になるまでの期間である。この場合，明確な火炎面を形成せずに広範囲で急速に燃焼する非伝播型予混合燃焼を呈する。通常はこの時点でも燃料噴射が続いているため拡散燃焼も同時に生じており，熱発生量は予混合燃焼と拡散燃焼の和となる。着火遅れ期間が長いと予混合燃焼の熱発生が占める割合が多くなり，着火が燃料噴射終了後に生ずるようになるとほとんどが予混合燃焼による熱発生となる一方，着火遅れが短い場合にはこの期間でも拡散燃焼の熱発生が占める割合が増加する。着火遅れが長く予混合燃焼が多い場合には一般に燃焼が急激になるため，圧力上昇率が大きく騒音増大（ディーゼルノック）の原因になるのみならず，その後の高温滞留時間が増加することからNO_xの増加を招く結果となる。一方，噴霧中心部の過濃混合気では温度上昇による燃料の熱分解に対して周囲空気との混合が追いつかないことから大量のスートが発生する。このスートは，これに続く制御燃焼期間中にその大部分が再燃焼するが，残存した場合には微粒子となって排気中に放出される。

　図6.19の40 MPaの火炎写真で噴射開始後8°および11°は爆発燃焼期間に相当するが，噴霧の周囲には輝炎が観察され，スートの生成が示唆されている。一方，150 MPaの火炎写真を見ると8°の段階で多くの予混合気が燃焼しており，熱発生も大きくなっている。そのため，コモンレール式噴射系では，騒音およびNO_xの低減のために主噴射に先立ち，少量のパイロット噴射あるいはプレ噴射を行うことにより，着火遅れ期間の噴射燃料量を減少させて爆発燃焼を抑制することが多い。

(3) 制御燃焼期間（mixing controlled combustion period）

　爆発燃焼期間ののち，図6.27で熱発生率に変曲点を呈した時点から噴射終了までの期間である。この変曲点は，予混合気がおおむね燃え尽きると同時に，拡散燃焼が優勢になるために生ずる。この期間では，まだ予混合されていなかった燃料やその後噴射された燃料が空気と混合しながら燃焼するため，噴射率で制御可能な混合律速の拡散燃焼となる。

　負荷が低い場合には着火遅れ期間中に噴射が終了し，制御燃焼期間のない，い

わゆる予混合化ディーゼル燃焼になる場合がある。しかし，負荷が高くなると火炎中を噴霧が進行し，周りの空気を取り込みながら燃焼が進行する拡散燃焼の様態となる。この期間の燃焼を活発化させ，その熱発生のピークを増加させることにより，次に続く後燃えを減少させることが可能になって性能向上につながる。

　燃焼は主に噴霧外周部で進み，その内部は酸素不足となりスートが発生しやすいが，最近では高過給・高圧噴射で噴霧内への空気導入が促進され，従来に比べてスート発生を低減することができている。この期間になると，燃焼室全体ではスートの酸化量が生成量を上回るため，見かけのスート量は減少に転じているが，スートの酸化が進行している高温・空気過剰領域では NO_x が生成され始める。図6.19の火炎写真では，噴射圧40 MPa の場合は噴射後14°，150 MPa の場合は11°付近の画像がこの期間に対応している。

（4）後燃え期間（after-burning period）

　噴射が終了してから燃焼が完了するまでの期間である。図6.19の火炎写真では，噴射後23°の画像に見られるように，燃料噴射はすでに終了しているが，輝炎がまだ広範囲に観察される。特に，噴射圧40 MPa の火炎写真では45°でも輝炎が残っている。このように，混合が悪いと後燃えが長くなって等容度が低下し，熱効率が悪化するため，可能な限りこの期間を短縮することが求められる。爆発燃焼期間および制御燃焼期間に発生したスートは，膨張行程前半で燃焼室からの逆スキッシュによる新気との接触などでその大半が燃焼するなど，この間に空気流動を活用するとスートの低減が顕著である。特に最近の直接噴射式エンジンでは，噴射時期が遅いために膨張行程での燃焼が重要になっており，例えば，コモンレール式では主噴射の直後に少量の噴射（アフター噴射）を行って，再燃焼を促進させる方法で燃焼改善を図っている。しかし，スートが再燃焼する高温でかつ空気過剰な領域では，窒素も酸化されて NO_x が増加する結果となり，スートと NO_x のトレードオフ（背反）を生ずることが多い。

6.3.3　ディーゼル燃焼の展望

　ディーゼルエンジンでは，燃焼側から排気対策を行おうとした場合に，NO_x とスートの排出がトレードオフとなることが多く，長年技術者を苦しめてきた。

それに対応して，燃料噴射時期の遅角に端を発し，高過給・高 EGR（排気再循環）・高圧多段燃料噴射といった対策技術が開発され，さらには運転条件によって積極的に着火遅れを確保して予混合化を図るなど，燃焼様態は大きく変化しつつある。

（1）NOₓとスート濃度の推移

　図 6.32 は，ディーゼルエンジン燃焼室内における NOₓ とスート濃度の推移と熱発生率を模式的に示している。スートは着火直後から急速に増加して，比較的早期にピークに達し，その後減少に転じる。スートの増減は生成と再燃焼（酸化）のバランスで決まるが，この挙動は着火直後に噴霧内の過濃領域で生成を開始し，その後高温下で酸化が優勢になって減少に転ずることを示している。図 6.19 の火炎写真で，噴射圧力が高い B の場合には，燃焼後半に輝炎が減少して，噴射後 45°の写真でほとんど消失している。これは高圧噴射により空気との混合が進みスートが再燃焼したことを示しているが，噴射圧力が低い A の場合には噴射後 45°でも輝炎が残存し，スートの再燃焼があまり進まなかったことを示している。一方，NOₓ はスートが酸化・減少している期間に比較的ゆっくりと生成し，

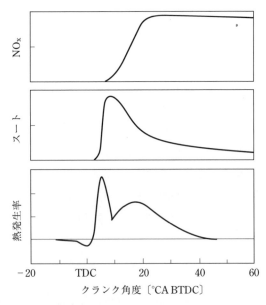

図 6.32　ディーゼルエンジン燃焼室内における NOₓ とスートの濃度推移と熱発生率（模式図）

その後膨張にともなう温度低下時にほぼ一定となる。このように生成速度が遅いため平衡濃度に達しないことが多いが，膨張時の温度低下にともなう分解反応はさらに遅いため一定値に凍結されて排出されると考えられている。

(2) 当量比と温度（$\phi - T$マップ）の影響

図 6.33 は，NO_x とスートが生成される温度と当量比（理論空燃比/実際の空燃比）の領域（$\phi - T$マップ）を示している。スートは温度が $1\,800 \sim 2\,200\,K$ で当量比が 2 以上の過濃領域で生成されるのに対し，NO_x は $2\,200\,K$ 以上の高温希薄領域で生成される。従来のディーゼル燃焼では，噴霧内には過濃混合気が存在し，平均の当量比および温度は図 6.33 の破線（従来燃焼）で示すように推移するため，スートの生成領域を回避することは極めて困難である。したがって，スートの生成は避けがたいが，多くの場合に，空気流動の強化や噴射圧力の増加で空気導入を促進することによって，いったん生成したスートを酸化・再燃焼させて消滅させることが可能である。しかし，スートの酸化領域，すなわち高温・空気過剰領域は $2\,200\,K$ 以上の NO_x の生成領域でもあるため，結果として両者はトレードオフの関係になる。したがって，スートと NO_x のトレードオフを改善するには，酸化・再燃焼によらずにスートの生成自体を抑え，さらに NO_x の生成領域に入らないように低温化する手法が必要である。スートの生成を抑えるには，図 6.33

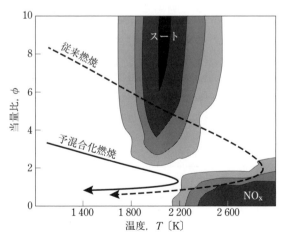

図 6.33 NO_x とスートが生成される温度と当量比の領域（$\phi - T$マップ）および噴霧内の平均当量比と温度の推移[23]

の実線（予混合化ディーゼル燃焼）に示すように，着火までに当量比が2以下になるように混合を進める必要があり，そのためには着火が燃料噴射後に生ずるようにする必要がある。スートが生成されなければ，その酸化のための高温化が不必要になるため，EGRで酸素濃度を下げるなど，燃焼温度の低温化でNO_x生成領域を避けることが可能になる。

以上述べたとおり，NO_xとスートのトレードオフを打破する燃焼法として，着火が噴射終了後に生ずるように着火遅れを確保する予混合化ディーゼル燃焼が有効であるが，その適用は総括当量比が比較的低い部分負荷に限定される。

(3) 予混合化ディーゼル燃焼の基本コンセプト

図6.34は，ディーゼルエンジン燃焼室内の可燃混合気量（$0.5<\phi<2.0$の混合気量）と最大局所当量比（噴霧内でもっとも濃い部分の当量比）の推移を部分負荷（実線）と高負荷（破線）で模式的に示した図である。着火時期がこの線図上のどの時点になるかによって排気エミッションは大きく変化する。部分負荷（実線）の場合には，従来のディーゼル燃焼のように燃料噴射終了後のA点に達す

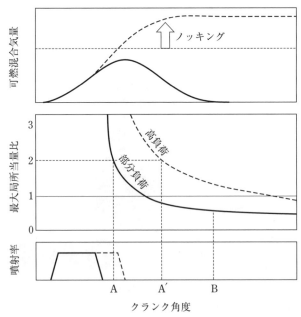

図6.34　ディーゼルエンジン燃焼室内の可燃混合気量と最大局所当量比の推移[24]

る以前に着火すると，局所当量比2以上の領域となるからスートの生成が避けられない。しかし，それ以降に着火すると局所的にも当量比2以上の領域がなくなるためスートは生成されなくなる。A点以降に着火した場合でも混合気濃度はまだ不均一ではあるが，予混合化が十分進行した予混合化ディーゼル燃焼になると言ってよい。しかし，まだ量論比前後の混合気が存在するため，このままではNO_xの排出は避けられない。先にも述べたように，EGRによって燃焼温度を抑える方法があるが，もう1つの方法として最大局所当量比が0.5以下の希薄混合気になるB点まで着火遅れを増大させれば，2 200 K以下の領域での燃焼が可能となりNO_x生成も抑えられる。

一方，高負荷の場合（破線）には，最大局所当量比が2以下になるためには着火がA′点以降になる必要があり，部分負荷に比べてさらに着火遅れを増大させる必要がある。その場合，着火時に可燃混合気量が増加し，ノッキングにより運転が不可能になる。また，通常のエンジンの高負荷での総括当量比が0.8程度であることから，いくら着火遅れの増大により均一化を図っても量論比に近い混合気が多量に形成されるため燃焼温度が上昇し，2 200 K以下の領域に制御するのは困難となる。したがって，高負荷で予混合燃焼を実現するとなると，最大局所当量比を少なくとも2以下になるまで予混合化を図ってスートの生成を抑制するとともに，EGRなどにより燃焼温度を低下させてNO_xおよび急激燃焼を抑制することが必要となる。しかし，負荷が高くなるほどEGRを併用した予混合化ディーゼル燃焼では熱効率を維持することが難しくなる。一方，高負荷では排気温度が高くなって排気後処理が十分機能するようになることから，後処理を前提とした通常のディーゼル燃焼を用いるほうが有利になってくる可能性が高い。

なお，予混合化ディーゼル燃焼は，予混合圧縮着火（HCCI）燃焼の一種とされているが，不均一性がかなり強いので，他の予混合圧縮着火燃焼とは区別して考える必要がある。

（4）燃焼のマルチモード制御

昨今のディーゼル燃焼は，高過給・高EGR化やコモンレール式噴射系による高圧多段燃料噴射などで，従来の燃焼とは様態が大きく変化している。図6.35は，負荷および回転速度に応じて燃焼モードの切り替え運転を行う際の一例である。

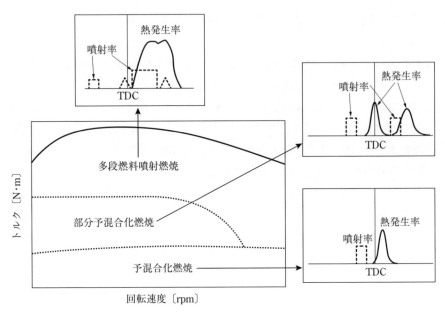

図 6.35 運転条件に対応した燃料噴射パターンによる運転モードの切り替えと熱発生率

　低トルク時には噴射量が少ないので，着火が燃料噴射終了後に起こるようにして予混合化を図って，拡散燃焼が消失した低スート・低 NO_x の予混合化ディーゼル燃焼を実現できる。トルクの増加とともに，そのまま単段で予混合化燃焼を行うと騒音が増大するため，一段目噴射による予混合化燃焼の後に二段目の噴射で拡散燃焼を行う部分予混合化燃焼[25] に移行し，低騒音・低エミッション燃焼を維持する。さらにトルクが大きくなると，パイロット噴射とアフター噴射を含む多段噴射燃焼で高効率運転を行う。この高トルク条件では，エンジン出口のスートおよび NO_x の排出は避けがたいが，排気温度が高くなるため，触媒による排気後処理により浄化が可能となる。このような運転を行うと，図 6.27 に示すような熱発生率を呈する運転モードはなくなり，図 6.35 に示すように，運転条件によって熱発生率パターンが大きく変化することになる。

　図 6.36 は最新のディーゼル乗用車で用いられている燃料噴射パターンの一例である。すべての運転領域で多段噴射が行われている。例えば，比較的低速回転の中・低トルク領域ではプレ噴射を三段階とすることにより主燃焼の圧力上昇率

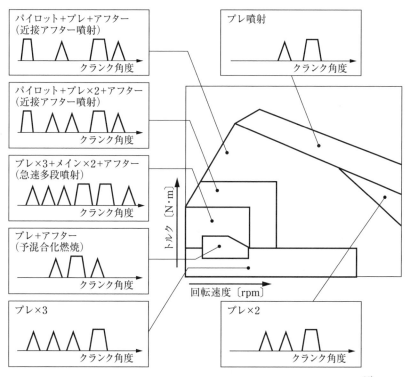

図 6.36 最新市販ディーゼルエンジンにおける燃料噴射パターンの実例[26)]

の増加を抑え，ひいては高噴射圧力化を可能にしており，一方，低負荷時および高負荷・高速回転時を除いた広い運転条件において近接アフター噴射を行ってスート低減を図っている。このように運転条件に応じて噴射パターンを制御する技術が非常に重要になってきている。

●参考文献

1) 宮木；コモンレールシステムの開発と進化，第22回内燃機関シンポジウム講演論文集（2011）
2) 藤谷，ディーゼル燃料噴射研究会；新ディーゼル燃料噴射，山海堂（1997）
3) 藤沢，川合；ディーゼル燃料噴射，山海堂（1988）
4) S. Matsumoto, et al.；Concepts and Evolution of Injector for Common Rail System, SAE Paper 2012-01-1753（2012）

5) 足立，芹澤；ディーゼル燃料噴射装置の現状と将来，JSAE Engine Review, Vol.6，No.4(2016)

6) 鳥谷尾，佐々木；ディーゼルエンジン用コモンレールシステム(3)，LEMA, No.483(2006)

7) 山下，戸田，増田；多噴孔ノズルからの高圧噴射ディーゼル噴霧へのエアエントレイン計測，第25回内燃機関シンポジウム講演論文集，No.49(2014)

8) John H. Weaving；Internal Combustion Engineering-Science & Technology, Elsevier Applied Science(1990)

9) T. Minami, et al.；Analysis of Fuel Spray Characteristics and Combustion Phenomena under High Pressure Fuel Injection, SAE Paper 900438(1990)

10) 廣安，新井；ディーゼル噴霧の到達距離と噴霧角，自動車技術会論文集，Vol.21, No.5(1980)

11) 小林，神本，松岡；急速圧縮装置によるディーゼル燃焼に関する研究，日本機械学会論文集B編，Vol.48，No.426(1982)

12) 常本，石谷，若松；直接噴射式ディーゼル機関の噴射ノズル諸元とアイドル運転時のHC，日本機械学会論文集B編，Vol.62，No.594(1996)

13) ACE噴霧・燃焼写真集編集委員会；ACE噴霧・燃焼写真集，新燃焼システム研究所(1992)

14) 常本，石谷，若松，田中；ホールノズルにおける壁面衝突噴霧の発達過程，自動車技術会論文集，Vol.27，No.2(1996)

15) J. H. Horlock, D. E. Winterbone；The Thermodynamics and Gas Dynamics of Internal-Combustion Engines, Vol.2, Oxford University Press(1986)

16) 青柳；次世代へ向けた大型ディーゼルエンジンの基本技術，自動車技術，Vol.50, No.1(1996)

17) 日本機械学会；機械工学便覧，応用編B7，内燃機関，日本機械学会(1985)

18) 高月，村田，小野寺；低公害，高出力新型燃焼室の開発，自動車技術，Vol.48, No.10(1994)

19) 三木ほか；小型商用車用ダウンサイジングディーゼルエンジンの開発，自動車技術，Vol.70，No.9(2016)

20) M. A. Eliot；Combustion of Diesel Fuel , SAE Paper 490213(1949)

21) H. Ogawa, et al.；Ignition delays in diesel combustion and intake gas conditions, International Journal of Engine Research, Vol.19, No.8(2018)

22) 古濱，内燃機関編集委員会；内燃機関，東京電機大学出版局(2011)

23) K. Akihama, et al.；Mechanism of the Smokeless Rich Diesel Combustion by

Reducing Temperature, SAE Paper 2001-01-0655(2001)

24) 神本, 小川ほか；夢の将来エンジン 技術開発の軌跡と未来へのメッセージ, 第 5 章 HCCI エンジン, 自動車技術会(2009)

25) K. Inaba, H. Ogawa, et al.；Thermal Efficiency Improvement with Supercharging and Cooled Exhaust Gas Recirculation in Semi-premixed Diesel Combustion with a Twin Peak Shaped Heat Release, International Journal of Engine Research, Vol.20, No.1(2019)

26) 皆本ほか；新型 2.2L 低圧縮比クリーンディーゼルエンジンの開発(第 1 報), 自動車技術会 2018 年春季大会学術講演会講演予稿集, 280(2018)

第7章

自動車用エンジンと大気環境

　エンジンの燃焼効率は極めて高いが，それでも供給燃料の完全燃焼は困難であり，また，燃焼温度にともなう化学反応によって，微量ながらも多様な成分の燃焼ガスが大気中に放出される。これらは低濃度でも自動車の台数が膨大であるため大気環境に影響を及ぼすとともに，人体にも被害を与える可能性もあることから，各国で厳しい排出ガス規制が実施されている。

7.1　大気汚染の歴史と法規制

7.1.1　大気汚染の歴史

　ワットが蒸気エンジンを発明して以来，産業革命によって経済活動が活発になり，人々は豊かな生活を送れるようになった。反面，新たな公害や環境問題により健康被害が発生し，また，生態系にも影響を及ぼすようになった。

　燃焼にともなう大きな大気汚染としては，ロンドンスモッグとロサンゼルススモッグが挙げられる。1900 年頃，ロンドンは都市化により暖房用の薪の需要が増大し，周囲の山から木がなくなるほどとなって，代わりに石炭が使われるようになった。石炭燃焼にともなう煤煙とロンドン特有の霧との複合汚染によって，視界が不良になるような大気汚染が発生し，喘息患者が増え死者も多数出ている。1952 年の冬，気象条件も重なって重大な煤煙被害となり，1 週間で 1 万 2 千人近い死者が出た。原因は「smoke fog」，短縮して「smog」であるとされており，原因物質が煤煙と SO_2 であったこのタイプはロンドン型スモッグと呼ばれている。

　原因は異なるが，似たようなことが 1940 年代からロサンゼルスでも起こった。

夏場の天気の良い日に茶色の雲が街を覆うようになり，喘息や心疾患の患者が増えた。原因がわかるまで時間がかかったが，自動車の排気ガスが主原因だと判明した。こちらは光化学スモッグ（photochemical smog）あるいはロサンゼルス型スモッグと呼ばれており，原因物質は NO_2 と未燃炭化水素で，これらに太陽光が当たると化学反応を起こし，オキシダント（oxidant）と呼ばれる人体に有害な物質が発生した。これを契機に自動車の排出ガス規制の強化が求められ，1970年にマスキー上院議員が提言した，いわゆる「マスキー法」が成立した。この法律では，1976年以降に製造される自動車は汚染物質量を1970年当時の1/10に低減することとしている。アメリカの自動車各社は技術的に達成が困難として，法律の施行時期の延期を求め，それが認められた。そんな中，1972年にホンダはCVCCエンジンを搭載した車で世界に先駆けてこの規制値を達成している。

　一方，日本の大気汚染が問題視され始めたのは四日市喘息からになる。1950年代に三重県四日市に石油コンビナートができ，その風下になる地域を中心に喘息患者が増大した。主要原因物質はロンドン型スモッグと同様に SO_2 とされているが，NO_2 の影響も指摘されている。ロンドンのように黒い霧ではなく見えないガスであり，「白いスモッグ」とも言われた。類似の事案に1982年の川崎公害訴訟がある。コンビナートの稼働にともない農作物への被害や喘息患者が増加し訴訟となり，関連企業が賠償することになった。

　自動車排気ガスが原因となる公害事案としては，1978年の大阪の西淀川訴訟あるいは1996年の環7（環状7号線）喘息訴訟がある。これらの地域の道路周辺の住民に喘息患者や呼吸器疾患者が増大したが，自動車の排気ガスが原因であるとして国などが訴えられ，規制の強化につながっている。また，1999年，ディーゼル重量車から排出される黒煙の有害性を訴え，「ディーゼル車NO作戦」が東京都から発表された。ディーゼル重量車の煤煙を問題視し，都内乗り入れ規制を実施した当時の東京都知事の行動は，ディーゼル車の排気対策に一石を投じたと言える。

7.1.2　公害対策基本法と大気汚染防止法

　高度成長期の負の部分である公害や環境汚染に対して，国はその予防や抑制に

向けた政策として，1967年に「公害対策基本法」を定めている。その骨子は，「健康で文化的な生活を確保するため」であり，その実現のため，大気，水質，あるいは騒音などに対する「環境基準」を設定した。大気に関する環境基準としては，CO，NO_2，SO_2，オキシダント，浮遊粒子状物質（PM10以下），および微小粒子状物質（PM2.5以下）に対して定められた。これらの有害成分は，自動車のみならず工場や事業所などの燃焼機器からも発生しており，環境基準を達成するために，自動車や事業所等からの排出基準が1968年の「大気汚染防止法」の中で定められた。

　環境基準が定められた1970年頃，大気中のCOは自動車が90％以上の発生源であった。NO_2は高温燃焼により発生したNOが大気中で酸化したものであり，これも50～60％が自動車から排出されていた。オキシダントはNO_2と未燃炭化水素（HC）に紫外線が当たると発生し，これも自動車の影響が大きかった。さらに，SO_2や微粒子についてもディーゼル重量車からの排出が問題になっていた。これらの改善に向け，排出ガス規制が強化された結果，年代とともに大気環境は大きく改善された。近年，全国に設置されている1 000地点以上の測定局で，CO，NO_2，SO_2，浮遊粒子状物質についてはほぼ100％環境基準を達成している。微小粒子状物質については，外国から移流するものもあるが，90％近い測定局で環境基準を達成している。図7.1は自動車排気ガスの影響が大きかったCOとNO_2の年度経過を示している。図に見られるように，COは1970年頃に比べ

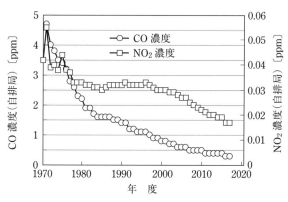

図7.1　大気中のCOおよびNO_2濃度の推移[1]

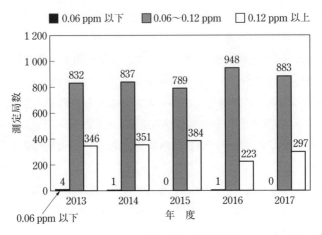

図7.2 全測定局のオキシダント濃度の状況（環境基準：0.06 ppm 以下）[1]

1/10 以下まで改善されたが，NO$_2$ は 2000 年頃までは横ばいで，その後減少している。しかし，図 7.2 に示すように，いまだに光化学オキシダントはほとんどの測定局で環境基準に達していない状況であり，原因物質である NO$_x$（NO + NO$_2$）と HC の低減が自動車等に求められている。ただし，従来は達成率の低かった交通量の激しい沿道に設置されている自動車排出ガス測定局（自排局）と一般大気環境測定局（一般局）との間で，ほとんどの測定物質で差異がなくなってきたことから，最近では自動車以外の影響が大きくなってきているとされている。

7.2 大気汚染物質の発生と人体への影響

7.2.1 CO の発生と健康への影響

　ガソリンエンジンから排出される CO 濃度は，第 4 章で示したように空燃比（A/F）に左右され，理論空燃比よりも濃い場合に高く，希薄な場合には低い値となる。最近のガソリンエンジンの場合，理論混合気付近で運転しているため，触媒前の CO 排出濃度は 0.5％前後である。ただし，始動直後や加速時などには理論混合比より濃い混合気で運転することがあり，触媒前の CO 濃度が 2～3％になるこ

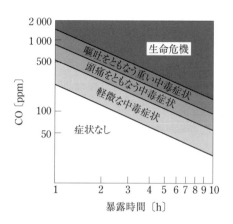

図7.3 CO濃度の暴露時間と健康被害[2]

とがあるが，始動直後で触媒が活性化していない場合を除けば，触媒通過後の CO濃度は数 ppm 程度になっている。

ディーゼル機関では A/F が 20〜80 程度で運転されており，触媒が装着されていない場合の CO の排出濃度はガソリンエンジンよりかなり低く，通常の運転条件では数十 ppm 程度である。最近は酸化触媒を用いるエンジンが多く，触媒通過後の濃度はガソリンエンジンと同様数 ppm になっている。

人体への影響であるが，CO は血液中の酸素の運搬役であるヘモグロビンと結合する速度が速いため，その濃度が高いと酸欠と同様の症状を起こして死に至ることがある。エンジンからの排気濃度は低いが，図7.3 に示すように，低い濃度でも長時間吸い続けると中毒症状になる。エンジンとは関係ないが，タバコを初めて吸ったときに頭痛やめまいを経験した人がいると思うが，これは極めて高い濃度の CO を吸引したためである。

7.2.2 NO_x の発生と健康への影響

エンジンから放出される窒素酸化物には NO と NO_2 があるが，大部分が NO である。ただし，NO も大気中で大部分が酸化して NO_2 になるため，規制値には NO_x（$NO + NO_2$）が用いられている。NO の生成反応は，燃焼温度に支配さ

れるサーマル NO が主であるが，重油の燃焼では燃料中の窒素が反応してできるフューエル NO がある。また，過濃混合気の場合，シアン化反応により生成されるプロンプト NO と呼ばれる生成経路がある。エンジンの場合には，ほとんどがサーマル NO であり，総括反応としては N_2 と O_2 の酸化反応であるが，その過程には水酸基 OH が関与しており，式（7.1）の拡大ツェルドビッチ機構によって反応が進行することが確認されている[3]。この素反応を使うことによって，NO 発生が高い精度でシミュレーションできるようになった。

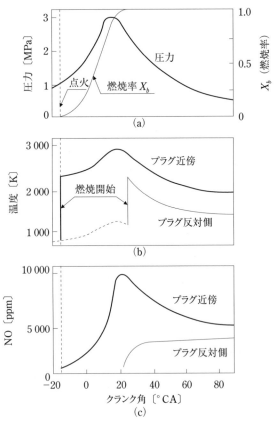

図 7.4 ガソリンエンジンの燃焼温度と NO_x 発生の模式図[4]

$$O+ N_2 \Leftrightarrow NO+N$$
$$N+ O_2 \Leftrightarrow NO+O \tag{7.1}$$
$$N+OH \Leftrightarrow NO+H$$

　ガソリンエンジンのように，火炎伝播で燃焼が進む場合のNO生成は，図7.4の模式図で説明されている。図に示すように，プラグからの位置によってシリンダー内ガス温度が異なり，最初に燃焼したプラグ付近のガスがその後の圧力上昇によって断熱圧縮され高温になり，多量のNOが生成される。NOは，反応時間が遅いため化学平衡濃度になることはなく，膨張行程の急激な温度降下で化学反応が停止する，いわゆる「凍結」と呼ばれる現象で濃度が決まる。最近のガソリンエンジンのNO濃度は，運転条件によって異なるが数千ppmになることもある。しかし，三元触媒を通過した後では数十ppm以下まで浄化されている。

　ディーゼルエンジンのNO生成過程は燃焼室形式によって異なるが，もっとも多く使われている直接噴射式エンジンの場合について概説する。図7.5は，直接噴射式エンジンの噴霧燃焼の模式図（図7.5 (a)）とNOの排出傾向（図7.5 (b)）を示している。噴霧内での燃焼は，図7.5 (a) に示すように空気過剰率λが1付近の理論混合比付近で起こると考えられており，この部分は温度が高いためNOの生成領域になる。したがって，図7.5 (b) に示すように，燃料供給量の増加，すなわち当量比（空気過剰率の逆数）に比例的にNOは増加する。なお，燃焼で発生するNOの一部は排気行程中にNO_2になるが，その割合は少ない。

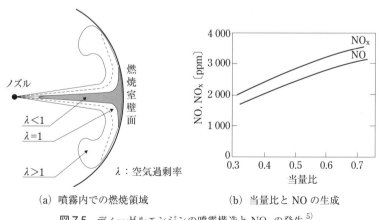

　　　（a）噴霧内での燃焼領域　　　　　（b）当量比とNOの生成

図7.5　ディーゼルエンジンの噴霧構造とNO_xの発生[5]

NO$_x$ は，濃度が高い場合には呼吸器系に障害が発生する場合があることに加えて，光化学スモッグの原因物質の1つであることで低減が求められている。

7.2.3　HC の発生と健康への影響

未燃炭化水素は不完全燃焼にともない発生するが，ガソリンエンジンに比べてディーゼルエンジンのほうが少ない。これは HC の発生プロセスとの関連性が大きい。

均一混合気を吸入するガソリンエンジンの場合，図 7.6 (a) に示すように，圧縮行程において混合気の一部はピストンリングのすきま（ピストンクレビス），プラグのすきまなどの火炎の届かない部分に押し込められる。これらの燃料は膨張

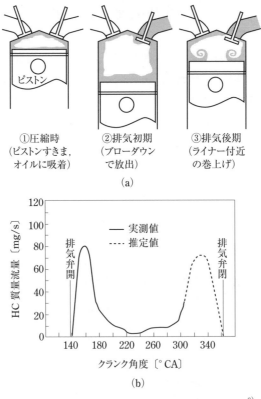

図 7.6　ガソリンエンジンにおける HC 排出パターン[6]

行程中に一部燃焼するが，膨張にともない体積が増大し壁面付近に滞留する。次の排気行程では，ピストンの上昇にともないシリンダー壁付近の未燃分は，巻き上げられながら排出されることになる。この結果，図7.6（b）に示すように，排気始めはブローダウンにともない濃度が高くなり，排気終わりは壁面付近の未燃分が排出され高くなる。この傾向は直接噴射式ガソリンエンジンの場合に軽減されるが，混合気形成方式によってはピストン上面に付着する燃料があり，また，高負荷では早期噴射を行うことがあるので，均一混合気吸入の場合と類似の現象が起きる。

　ディーゼルエンジンの場合，圧縮上死点付近で燃料が供給されるため，ガソリンエンジンのように未燃分がすきまに押し込められるような現象は少ない。HCの発生しやすい条件は，燃焼室壁面に衝突した噴霧の一部が付着して不完全燃焼する場合，あるいはノズルのサックボリュームと呼ばれる部分の燃料が膨張行程で蒸発，または部分燃焼する場合などがある。図7.7はサックボリュームとHCの関係を調べた結果である。サックボリューム容積の増大に対してHCは直線的に増加している。なお，このほかにも，着火遅れ期間中に空気流動によって噴霧の一部が希薄混合気となり，燃え残る場合もある。

　未燃HC成分には，燃料成分と燃焼中間生成物がある。燃料成分は給油中にも吸うことがあるが，短時間吸入する程度であれば問題はない。問題となるのは中間生成物であり，特にPAH（polycyclic aromatic hydrocarbons）と呼ばれている多環芳香族成分は，発ガン性物質を含むと言われ，ラットを使った実験結果でもそのことが確認されている。

　また，ディーゼルエンジンのHCの中には，目，あるいは鼻を刺激する物質があり，低温始動時などに発生しやすい。臭気の主成分としてホルムアルデヒド（HCHO）が検出されており，その他のアルデヒド成分も多い。その全体像はまだ明らかで

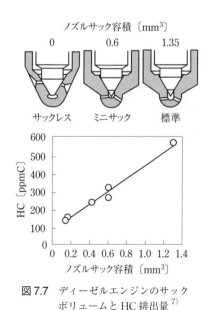

図7.7　ディーゼルエンジンのサックボリュームとHC排出量[7]

はないが，ホルムアルデヒドも発がん性物質であり低減する必要がある。

　上記のような燃焼により発生する未燃炭化水素は触媒によって低減できる。一方，給油時や燃料タンクの温度上昇により発生する燃料蒸気はVOC（volatile organic compounds，揮発性有機化合物）と呼ばれ，光化学オキシダントに影響することから対策が求められている。

7.2.4　粒子状物質の発生と健康への影響

　ポート噴射式ガソリンエンジンの場合，排出される粒子状物質は少なく，オイルや硫黄分が反応してできる微小のサルフェート（sulfate，硫酸塩）程度で問題になるほどではない。一方，直接噴射式ガソリンエンジンの場合，噴霧の壁面衝

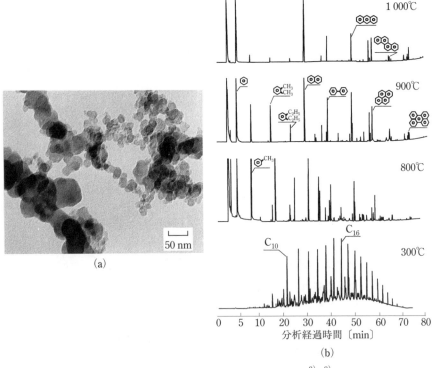

図7.8　炭化水素のスート化とその生成過程[8), 9)]

突が主な原因となって，ポート噴射方式の10倍近い粒子状物質が発生していると
の報告もあり，改善が求められるとともに規制も始まっている。

　ディーゼルエンジンから排出される粒子状物質には，スート，可溶性有機成分
（SOF：soluble organic fraction）およびサルフェートがあり，健康への影響が
大きいことから規制が強化されてきた。現在の排出量は規制前の1/100程度に
なっているが，さらなる削減が求められている。

　粒子状物質の構造は，電子顕微鏡で見ると，50～80 nm程度の微粒子が集まっ
て1つの塊となっている（図7.8 (a)）。組成はCとHの原子数比が5：2程度で，
高分子の炭化水素であり，燃料の熱分解でも確認されている。図7.8 (b) は，
燃料を熱分解した際のガスクロマトグラフでの分析結果であるが，周囲温度が
900℃程度になると脱水素，重縮合が繰り返されて多環化が進行しており，これ
がスートに成長すると考えられている。

　SOFは粒子状物質の中で，有機溶媒（例えばジクロロメタン）に溶ける高沸
点の未燃炭化水素であり，一般に低負荷などの燃焼温度が低い場合にSOFが多
くなる。SOFの炭化水素組成は，図7.9 (a) のようにオイルに由来する成分も
多いため，これを低減するためにオイル消費の少ないピストンリングなどが開発
されている。なお，図7.9 (b) に示すように，最近のエンジンでは，酸化触媒

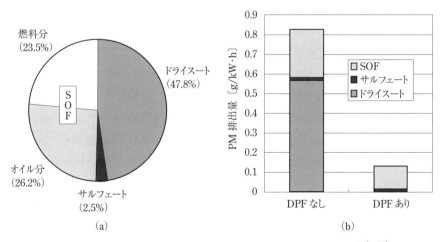

図7.9　SOF（可溶性有機成分）の成分およびDPFによる低減効果[10), 11)]

や DPF（diesel particulate filter）によって SOF は大幅に減少している。

　自動車から排出される粒子状物質は，ディーゼル車に起因するものが大半で，スートや黒煙といった見た目に汚いことが問題であったが，健康への影響が指摘され規制が強化されている。種々の対策で粒子状物質の絶対量は改善されてきたが，近年 PM2.5 と言われるような数ナノメートルの微小粒子が問題視されている。粒子径が $1\,\mu\mathrm{m}$ 程度になると，肺の奥のほうに堆積し発ガン性が増すことや花粉症を発症しやすくなることが懸念されている。このような微細な粒子は直接噴射式のガソリンエンジンでも確認されており，規制が強化され，ヨーロッパでは排出粒子数での規制が始まっている。

7.2.5　光化学オキシダントの健康被害

　自動車や工場等から排出された NO_x や HC は，太陽光を受けると光化学オキシダントと呼ばれるオゾンを中心とした過酸化物を増大させる。その反応式は以下のようになっており，オキシダントが増えると呼吸器系に障害を与えると同時に，頭痛などの症状も現れる。

$$NO+O_2 \rightarrow NO_2$$
$$NO_2+ \text{太陽光} \rightarrow NO+O$$
$$O+O_2 \rightarrow O_3$$
$$O_3+HC \rightarrow RCHO+RCO_2$$

（左側に NO ⇒ HC）

　R：アルキルラジカル，CHO：アルデヒド基

日本では 1970 年夏に東京都で被害が出たのが最初であり，屋外で運動中の多数の中・高校生が喉や目の痛みを訴えたことで注目されるようになった。このような事件があって排出ガス規制が強化されたが，光化学オキシダントの環境基準は季節によってはいまだに達成されていない地域が多い（図 7.2 参照）。図 7.10 は光化学オキシダント注意報と被害者の最近の状況である。注意報の発令は年間 300 日近くになることもあったが，最近は 100 日以内の年が多くなっている。また，被害者も 1970 年頃には 5 万人近くを記録しているが，2010 年以降は 100 人以内になっている。

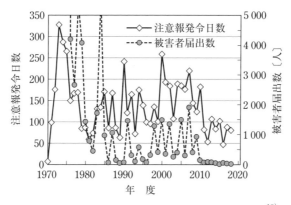

図 7.10 光化学スモッグ注意報発令日数と被害届出人数 [12]

7.3 日本における自動車排出ガス規制

　1968 年に大気汚染防止法が制定され，この中で自動車からの排出基準が定められた。これに先立って，1966 年にはガソリン車に対する CO 規制が実施されている。この規制では，アイドリング，加速，一定速，減速の 4 モードでの CO 濃度の上限値が定められた。その後，光化学スモッグ対策等の必要性から，1973 年からはガソリン車は三成分（CO，HC，NO_x）について規制値が定められた。

　一方，ディーゼル重量車では，1972 年から黒煙のみの規制が始まり，1974 年からは NO_x 濃度と黒煙濃度が規制され，1994 年からは黒煙濃度と合わせて，粒子状物質 PM の排出質量規制が制定された。

　大気汚染防止法が制定されて以来，現在まで排出ガス規制値は頻繁に変更されており，また，計測方法も何度も変わっている。ここではこれらのうち，大気環境に影響の大きいガソリン乗用車とディーゼル重量車に対する規制について概説することにする。

7.3.1 ガソリン乗用車の排出ガス規制

（1）マスキー法を達成するまで

　ガソリンエンジンを搭載した乗用車に対する排出ガス規制のうち，NO_x と HC

の規制値の推移を図 7.11 にまとめた。CO，HC および NO_x を同時に規制し始めた 1973 年を 100 として示しており，頻繁に規制値や試験方法が変わっているが，現在の規制値は規制開始時の 2～3% となっている。

　最初の規制となる 1973 年の規制値はそれほど厳しいものではなく，混合気の希薄化，気化器の精度向上，点火時期の調整で達成できた。

　1975 年規制では，CO と HC を 1/10 まで削減したマスキー法相当の厳しい規制値が定められた。この規制値を達成するため，希薄燃焼などエンジン側での改良を試みたが，これだけでは困難であり，結局，酸化触媒を装着する車両が増大した。そんな中，ホンダは層状給気燃焼方式である CVCC エンジンを開発し，触媒を用いずに世界で初めてマスキー法および日本版マスキー法の規制値を達成した。

　1978 年の規制では，NO_x 低減が最大の課題となった。ホンダ以外の多くの企業では，酸化触媒で CO，HC を低減し，排気ガス再循環で NO_x を低減するシステム，あるいは電子制御燃料噴射システムと排気 O_2 センサーを利用して，CO，HC および NO_x を同時に低減できる三元触媒システムを開発している。

(2) その後の規制強化

①新短期規制

　1978 年の規制以来，ガソリン車に関しての規制値の変更は 20 年近く行われな

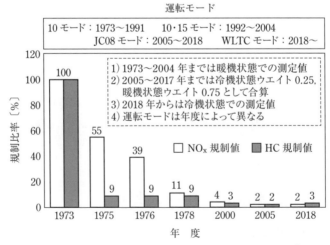

図 7.11　ガソリンエンジン乗用車の排出ガス規制の変遷 [13]

かった。しかし，この間自動車台数が増大し，都市部を中心に大気環境基準を達成できない状況が続いたため，2000年に新たな規制値（新短期規制）が制定され，従来規制値の約1/3まで低減している。この規制値は，触媒性能の向上，電子制御による空燃比および点火時期の適正化，EGR率の増大などで達成できている。特に，触媒性能が向上した効果が大きく，貴金属を減らしながら初期活性化温度の低温化を実現している。また，ハニカム構造の高密度化で排気ガスと触媒の接触面積を増大し浄化率を向上させている。

②新長期規制

2000年の新短期規制は第一段階であり，さらに厳しい新長期規制が2005年から始まった。この規制値は，HCおよびNOₓを新短期規制値より約40％低減しており，HC規制については光化学オキシダントに影響の大きいNMHC（non-methane HC）で規制した点が特徴である。また，2005年の規制からエンジン冷機時を含んだ運転モードが重視されるようになった。

③ポスト新長期規制

2009年からはより実際の走行に近い運転条件での評価が求められ，加減速が多く平均速度も高いモードに移行し，同時にPM規制が始まった。冷機時の運転モードでは，始動直後のCO，HCの低減が重要となるが，触媒が活性化するまでには時間を要することから，ハニカムセルの高密度化と軽量化を図るとともに，触媒をエンジン直後に取り付けるなどの改善がなされている。また，未燃分を一時的に吸着させる触媒も開発され，一部で利用されている。

(3) 運転モードと測定方法の変遷

運転モードも時代とともに変更されており，図7.12にまとめている。

① 10モード（1973〜1991年）

1973年規制時の運転モードは，信号待ちの多い都市走行をモデル化した10モードで，図7.12（a）の10・15モードの前半部分の10モードのみを5サイクル走行するものであった。排出ガス量の測定は，車両走行を模擬できるシャシーダイナモを使用してCVS（constant volume sampling）法で行い，単位距離当たりの排出質量g/kmを算出して評価した。

② 10・15モード（1992〜2004年）

10モードでは最高速度が40 km/hと低く，実態に合わなくなったことから，

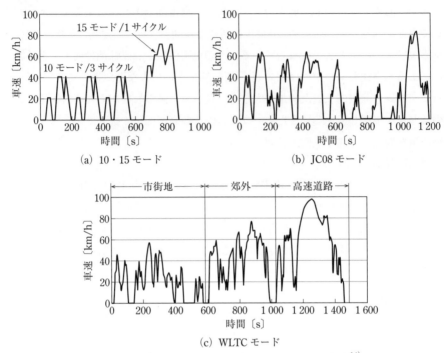

図 7.12　日本の排出ガス規制に対する運転モードの変遷[14)]

1992 年には 10・15 モード（図 7.12（a））に変更され，最高速度が 70 km/h に高められた。また，始動から運転した場合の排気ガスについても規制するようになり，この場合の運転モードとして 11 モード（10・15 モードの 15 モードに近い運転モード）が加わり，各モード運転に対する規制値が定められた。

③ JC08 モード（2005～2017 年）

　2005 年の規制では，冷機時の始動や加減速の多い，より実際に近い運転モード（図 7.12（b））となった。この場合の規制値は冷機時と暖機時の測定値にウエイトを付ける方法で定められている。

④ WLTC モード（2018 年以降）

　これまでは，日米欧でそれぞれ排出ガス規制に対する運転モードが異なっており，輸出入時には各国での認証試験が必要となっていた。このような問題を解決するために，多くの国で適用が可能な運転モードが検討されてきた。日本では

2018年から国際基準モードであるWLTC（worldwide harmonized light vehicles test cycle）モード（図7.12（c））での規制が始まった。本来のWLTCモードには超高速フェーズがあるが，130 km/hと日本の速度規制を超えているため，日本では前半の3つのフェーズで実施している。

7.3.2　ディーゼル重量車の排出ガス規制

　ディーゼル重量車のNO_xを含んだ排出ガス規制は，ガソリン車から1年遅れて1974年に定められた。当初の規制は黒煙濃度とNO_xの濃度〔ppm〕規制だけであった。黒煙濃度は，黒を100%，白を0%としたマンセル法で評価しており，50%まで許容する緩やかなものであった。このような規制では，光化学スモッグの発生や浮遊粒子状物質の改善ができず，さらなる規制が求められた。これを受け，1994年から粒子状物質（PM）に対する規制（短期規制）が加わり，NO_xとPMの同時低減に向け，長期規制，新短期規制，新長期規制，ポスト新長期規制などと強化されている。

　図7.13はNO_xとPMの規制値の変遷を示している。NO_xとPMが質量規制された1994年を100%としており，1994年以前のNO_xの濃度規制については1993年までの規制値400 ppmを100として示している。この図より，近年のPM規制値は当初の1%程度まで低減したことになる。また，NO_xは1994年に比べると7%までの低減であるが，1974年の濃度規制から推察すると3.5%程度になっている。

　なお，本章ではディーゼル乗用車については触れていないが，ガソリン乗用車の規制と合わせて強化されたため，一時期ディーゼル乗用車は規制値を達成できず姿を消した。その後，高圧噴射などの技術開発によってガソリン車なみの排気レベルとなり，ヨーロッパを中心にディーゼル乗用車が増大した。

（1）規制の開始から短期規制まで（1974～1993年）

　NO_x発生源別発生割合は，1990年代でも自動車が50%で，自動車の中ではディーゼル重量車の排出割合が70%を超えていた。このような状況を改善するため，1974年からNO_x規制が始まり，規制値は段階的に下げられ，1988年には当初の50%近くまで低減している。しかし，濃度規制であるため排気量の大き

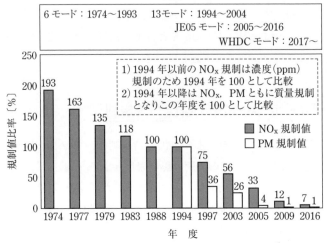

運転モード

| 6 モード：1974〜1993 | 13モード：1994〜2004 |
| JE05 モード：2005〜2016 |
| WHDC モード：2017〜 |

1) 1994 年以前の NO_x 規制は濃度（ppm）規制のため 1994 年を 100 として比較
2) 1994 年以降は NO_x, PM ともに質量規制となりこの年度を 100 として比較

図 **7.13** ディーゼル重量車の排出ガス規制の変遷 [13)]

なエンジンに有利であった。また，黒煙濃度はこの間もマンセル法のままであり，加速時には黒い煙を排出する車が多かった。この時期の NO_x 規制への対応であるが，主として噴射時期の遅延という消極的な方法であった。これによって燃費が悪化したが，燃焼室形状や空気流動の改善で対応している。

（2）短期規制から新長期規制まで

①短期規制（1994〜1996 年）

ディーゼル重量車は物流に大きく寄与しており，排出ガス規制の強化は経済活動にも影響するため，その時代の技術動向も判断しながら進める必要があった。しかし，大気環境の悪化で世論は厳しさを増し，排出ガス規制の強化が求められ，2〜3 年ごとに規制値を変更した時期である。この短期規制は 3 年間であったが，NO_x と同時に PM も規制の対象となり，また，濃度規制から質量規制に変更された。短期規制の中での新技術としては，NO_x 対策である EGR の導入が挙げられる。ディーゼルエンジンでの EGR は燃料中のイオウに起因する硫酸腐食が懸念されるため，困難と言われていたが，燃料中のイオウ含有率を大幅に低減することで実用化された。また，PM 中の SOF を減らすために，酸化触媒が一部で使われ始めた。

②長期規制（1997〜2002年）

　長期規制ではPMの大幅な改善が求められ，燃焼改善のために高圧噴射が可能なコモンレール式が導入された。また，PM低減のために過給が重視されるようになり，負荷に応じて過給量が制御できるVGターボが用いられるようになった。

③新短期規制（2003〜2004年）

　まさに短期の規制で，2年間だけの規制であるが，この頃から連続再生可能なDPFが装着され，ディーゼル重量車からの黒い煙は姿を消し始めた。

（3）新長期規制以降

①新長期規制（2005〜2008年）

　新長期規制での大きな変更は運転モードがJE05モードに変わった点である。この規制の頃の新技術の1つとして，燃料噴射圧力が180 MPa程度まで高められたことが挙げられる。さらに，高機能化したクールドEGRに加え，尿素SCRでNO_xを削減するシステムが導入された。

②ポスト新長期規制（2009〜2015年）

　ディーゼル重量車の排出ガス規制は，質量規制が開始された1994年と比較して，ポスト新長期規制ではNO_xは1/10，微粒子は1/70の規制値となった。この間多くの新技術が導入されたが，ポスト新長期においては，燃料噴射圧力が200 MPaまで向上するとともに多段燃料噴射のコモンレール式が使われ，ターボも低負荷から高過給が可能な2ステージ形式が採用され始めた。

③ポスト・ポスト新長期規制（2016年以降）

　NO_xの規制値がポスト新長期規制の半減となる厳しい規制値が制定された。また，この規制から運転モードは国際基準であるWHDC（worldwide harmonized heavy duty certification）に規定されている運転モードに変更になった。

（4）ディーゼル重量車の運転モード

①6モード（1974〜1993年）

　重量車ディーゼルエンジンの排出ガス規制は，NO_xの排出濃度規制で始まった。この場合の運転モードは，運転頻度の高い6点で測定することから6モードと呼ばれている。決められた負荷，回転速度でのNO_x濃度を測定し，その平均値で評価している。

② 13 モード（1994〜2004 年）

これまでの 6 モードでは運転領域が狭かったため，運転領域を 13 点に拡大した 13 モードで規制することとなり，粒子状物質（PM）の質量規制も始まった。

③ JE05 モード（2005〜2016 年）

2004 年までの規制は，いわゆるベンチテストと呼ばれるもので，加減速などの過渡特性が含まれていない。これに対して，新たな運転モードである JE05 モード（図 7.14（a））では，実車走行に近い加減速を含む運転パターンを決め，これを模擬した運転をシャシーダイナモかベンチで再現して測定することになった。

④ WHDC モード（2016 年以降）

排出ガス規制の国際的な統一が進められており，国連関連機関から出された運

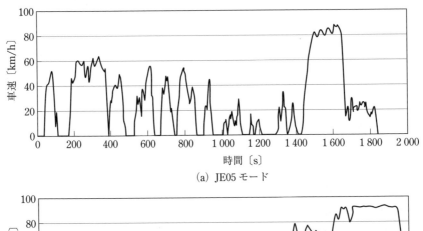

(a) JE05 モード

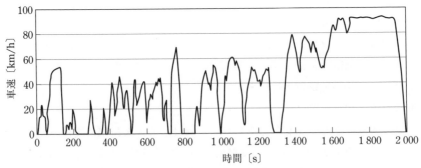

(b) WHDC の中の WHTC モード

図 7.14　ディーゼル重量車の試験モード [14)]

転モードを用いることになった。日本では，乗用車より2年早く重量車に適用されている。内容は少し複雑であるが，これまでのJE05モードと同様に実車に近い運転モード（WHTC：world harmonized transient cycle，図7.14（b））での走行と，13モードのような定常運転モード（WHSC：world harmonized steady state cycle）で試験をし，両者にウエイトを付けて排出量を算出する方式となっている。さらに，試験モードに含まれない条件での排出を評価できるように，オフサイクルエミッションの規制が組み込まれるようになった。

7.3.3 外国における排出ガス規制

　自動車の排出ガス規制が早い時期に実施されたのはアメリカである。特に光化学スモッグが多発するロサンゼルスのあるカリフォルニア州では，独自の厳しい規制値を設けており，1990年からZEV（zero emission vehicle）の導入が義務づけられている。その後も世界で一番厳しい規制値が定められて現在に至っている。一方，ヨーロッパでは，酸性雨の影響が深刻になるにつれNO_xを中心に排出ガス規制が厳しくなった。その後も大気環境の改善に向け規制が強化され，現在はEURO6の規制値になっている。

　表7.1，表7.2は日米欧でのガソリン乗用車とディーゼル重量車の規制値の状況をまとめたものである。自動車の排出ガス規制は日米欧が中心となって進めているが，運転モードがまだ統一されていないうえに，規制開始年度も異なるため

表7.1　ガソリン乗用車日米欧の排出ガス規制比較

規制成分	日本 最新規制 〔g/km〕	アメリカ Tier3 〔g/mile〕	EURO EURO6 〔g/km〕
CO	1.15	2.62	1.00
NMHC	0.1	NO_x + NMOG (0.099)	0.068
NO_x	0.05		0.06
PM	0.005	0.002 or 0.006	0.0045
PN			6×10^{11}
モード	WLTC	75FTP	WLTC

表7.2 ディーゼル重量車日米欧の排出ガス規制比較

規制成分	日本 最新規制 〔g/kWh〕	アメリカ US10 〔g/kWh〕	EURO EURO6 〔g/kWh〕
CO	2.22	20.79	4
NMHC	0.17	0.19	0.16
NO_x	0.4	0.27	0.46
PM	0.010	0.013	0.01
PN			6×10^{11}
モード	WHDC	FTP	WHDC

比較は難しいが，規制値は各国でほぼ同等のレベルになってきたと言える。

なお，このようなモード運転領域以外での排出が問題になってきており，EUではEURO6の規制とは別に，車載排気ガス分析計（PEMS）を用いて路上での測定も義務づけることになった。この方式はRDE（real driving emission）と呼ばれており，運転モード範囲外での排気処理装置の作動制限などの不正も監視することになる。このような規制は，日本でも2022年から導入することになっている。

7.4　ガソリンエンジンの排気対策

大気汚染にかかわる排出ガスは，ガソリンエンジンの場合，図7.15に示すように空燃比（A/F）によって変化する。燃料が濃い領域では酸素不足で不完全燃焼となり，COおよびHCが発生する。理論混合比付近では燃焼温度が高くなりNO_xの排出量が増大する。通常のエンジンの場合，A/Fが17〜18になると火炎伝播が難しくなり，消炎や失火頻度が高まりHCが上昇する。このような排気ガスを低減するためにエンジンの燃焼改善や後処理技術の開発が行われてきた。

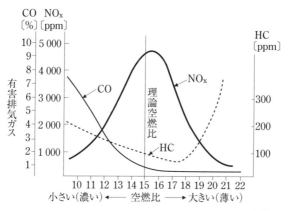

図 7.15 ガソリンエンジンの空燃比と排気ガス濃度 [15]

7.4.1 エンジンの燃焼改善

(1) 層状給気燃焼方式

先に示したように，通常のエンジンでは空燃比が 17〜18 以上になると失火の頻度が高くなり，HC が増加する。燃焼の改善でこのような失火を抑え，さらに希薄化できれば，CO，HC，NO_x が同時に低減できる可能性がある。

これを最初に実現したのがホンダの CVCC で，マスキー法の規制値を触媒なしで達成している。原理等は第 1 章で示したが，着火しやすい過濃な混合気を副室に供給し，点火後の燃焼ガスを主室へ噴き出すことによって主室の希薄混合気の燃焼を実現させている。市販エンジンでは使われなくなったが，燃費が重視されるようになった F1 エンジンで CVCC に類似した副室式層状給気燃焼が採用されている。総括的に希薄燃焼であるため三元触媒による NO_x 浄化ができず，現在の排出ガス規制をクリアするのは容易ではないが，これらへの対策技術が確立できれば高効率エンジンとして再び一般にも用いられる可能性がある。

もう 1 つの層状給気燃焼方式として，三菱自動車が商品化した GDI エンジンに代表される筒内直接噴射式ガソリンエンジンがある。画期的な革新技術であったが，厳しくなった NO_x 規制には対応が難しく生産が中止されている。しかし現在は，高出力化を狙いとして量論比均一予混合気の筒内噴射ガソリンエンジンが多く使われている。

(2) EGR (exhaust gas recirculation) 方式

NO$_x$ は燃焼温度が 2 000℃ 以上の高温で比較的ゆっくりと生成されることがわかっており，高温滞留時間を短縮する技術が必要である。もっとも簡単な方法は点火時期を遅延することであるが，この場合には熱効率の悪化を招くことになる。これに対して EGR は熱効率の悪化を抑えて NO$_x$ が低減できる方式である。図 7.16 は EGR システムの一例である。図のように，排気ガスの一部を EGR バルブを介して吸気に戻すもので，排気ガスの吸気への再循環により，吸入ガスの酸素濃度を低下させて，熱容量を増加させることで燃焼温度を下げることを目的としている。

図 7.17 は，EGR のガス組成と NO 低減効果の関係を調べた結果である。図 7.17 (a) に示すように，吸入ガス中の不活性ガス割合を増やしても，比熱の小さなガスでは NO 低減効果が少ない。一方，図 7.17 (b) のように，熱容量で整理すると一定の関係が得られていることから，EGR による NO 低減効果は主として吸入ガスの熱容量の増加に起因するとしている。なお，EGR 率は負荷および回転速度に対して制御されており，燃焼安定性を考慮すると EGR 率は 15〜30％程度と言われている。

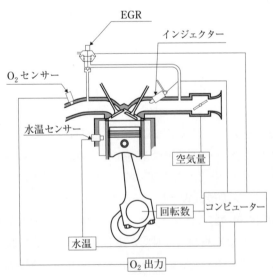

図 7.16 ガソリンエンジンの EGR と制御システム

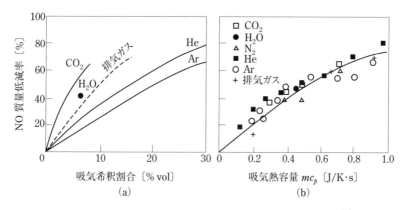

図 7.17 ガソリンエンジンでの吸入ガス熱容量と NO 低減効果[16]

7.4.2 触媒システム

自動車で利用されている触媒には，酸化触媒，三元触媒，吸蔵還元触媒，吸着触媒があり，目的に応じて使い分けされている。

①酸化触媒

マスキー法対策として，1980 年頃多くのガソリン車に利用されたのが酸化触媒と EGR の組み合わせであった。触媒担体としては当初ペレットタイプが多かったが，耐久性や初期活性化に課題があり，セラミックスのハニカム構造となった。

②三元触媒

一般に Pt，Rh，Pd などの貴金属をハニカム状のコーディライト担体あるいはメタル担体上のアルミナに分散させて用いている。酸素が存在する場合に酸化触媒として働いて，CO，HC は酸化され CO_2 と H_2O となる。一方，酸素が減少すると NO を N_2 と O_2 に還元する働きがある。したがって，混合気を量論比近傍の極めて狭い範囲にコントロールすることができるならば，触媒層内には酸化雰囲気と還元雰囲気が混在し，CO，HC および NO が同時に低減できる。この場合の化学反応の総括式は次のように示すことができ，このような条件下で用いる触媒を三元触媒と呼んでいる。

$$\begin{pmatrix} CO \\ HC \end{pmatrix} + \begin{pmatrix} NO \\ O_2 \end{pmatrix} \rightarrow CO_2 + H_2O + N_2$$

上記の反応を確実に行うには，排気中の酸素濃度を常に制御することが必要であり，図7.18のように，触媒入口には酸素濃度を検出するためのO_2センサーを取り付け，その電気信号をECUにフィードバックして，噴射量の増減を行っている。

なお，三元触媒として作用させることのできる空燃比範囲，すなわちウインドウを広く取るために，触媒材質，あるいは触媒反応時に発生する硝酸ミストを減少するための添加剤の研究等が進んでいる。

③吸蔵還元触媒

層状給気エンジンでは，混合気の希薄化によってかなりのレベルまでNO_xは低下するが，規制値をクリアするまでには至っていない。そのため，NO_x吸蔵

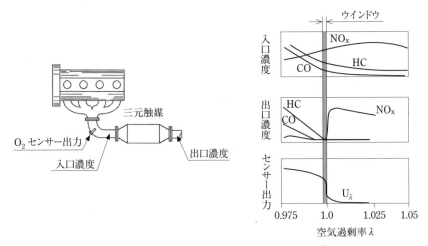

図7.18　三元触媒のシステムと浄化の模式図 [17)]

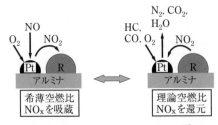

図7.19　吸蔵還元触媒の浄化反応 [18)]

還元触媒が開発された。図 7.19 にその一例を示している。この触媒は，NO を NO₂ に変換した後，NO₂ をいったん触媒 R に吸蔵させている。この吸蔵触媒内の NO₂ が飽和すると，短時間だけ過濃混合気を供給するようになっている。その場合に発生する CO および HC を還元剤として NO₂ を N₂ と O₂ に還元するものである。しかし，多量の貴金属が必要となることに加えて，またイオウ被毒もあって利用が限定されている。燃費規制が厳しくなって層状給気エンジンが復活する場合に必要な触媒であり，浄化率向上に向けた研究が続けられている。なお，ディーゼル乗用車の NOₓ 後処理では，この吸蔵還元触媒が主流であったが，最近では 7.5.3 項で述べる尿素 SCR（selective catalytic reduction，選択還元触媒）を用いる車が増えている。

7.4.3 ガソリンエンジン用排気触媒の高性能化

触媒構造上の大きな変革は，初期活性化を高めるためのハニカム構造の改善である。これまでのセラミックス系の担体に代わって薄板メタル構造のものが開発され，表 7.3 のようにセル密度の増大と軽量化による熱容量の軽減を達成している。また，セラミックス系でもセル密度をこれまでの 400 セル/inch² から 900 セル/inch² 程度の高密度のものが開発され，マニホールド直後に配置するシステムも実用化

表 7.3　触媒担体の軽量化と高密度セル化 [19]

		メタル担体	セラミック担体
形状特性	セル形状	0.05 mm 1.28 mm 400 セル/inch²	0.17 mm 1.27 mm 400 セル/inch²
	幾何学的表面積	3 200 m²/m³	2 700 m²/m³
	開口率	90.3%	75%
材料特性	材質	フェライト系ステンレス	コージェライト
	熱伝導率	14 W/m·K	1 W/m·K
	比熱	0.5 J/kg·K	0.84 J/kg·K

されている。

　触媒機能として新たに開発されているのが吸着触媒である。始動直後の高濃度のHCを低減するため，後方の酸化触媒が活性化温度に達するまでHCを吸着させるものである。低温時に吸着し，温度上昇とともに離脱するような材料としてゼオライトなどが使われている。

　また，触媒に使われる貴金属の量を減らし，かつ耐久性の高い触媒の開発にも成功している。従来の触媒ではセラミックスに微粒子状の貴金属を担持させていたが，貴金属をイオンレベルで付着させることによって貴金属量の大幅な削減と耐劣化性の高い触媒が開発されており[20]，利用が拡大している。

7.5　ディーゼルエンジンの排気対策

　ディーゼルエンジンの運転範囲は，空燃比で20〜80程度であり，層状給気型ガソリンエンジンよりもさらに希薄混合気燃焼となり，均一混合気燃焼であればCO，HC，NO_xは極めて低くなるはずである。しかし，先の図7.5の噴霧モデルに示したように，ディーゼルエンジンの場合の燃焼領域は噴霧内の理論空燃比付近であり，噴射量に応じてNO_xが発生する。また，噴霧中心部は過濃混合気となっていてスートやCO，HCが生成される。これらは噴霧内の燃焼領域で再燃焼するが，低温時や噴射量が多い場合にはHCやスートの一部は燃焼できずに排出される。

　ディーゼルエンジンのこれらの排気ガス低減のため，規制値が厳しくなるのに

表7.4　ディーゼル重量車の排出ガス規制値と対応技術の変遷

NO_x 規制	400 ppm	6 g/kWh	4.5	3.38	2.0	0.7		0.4
PM 規制		0.7 g/kWh	0.25	0.18	0.027	0.01		←
噴射圧力	75 MPa	120	140	160	180	200　250		
噴射ポンプ	・高圧列型	・コモンレール（電磁弁タイプ）				・（ピエゾタイプ，多段噴射）		
燃料イオウ	・0.2%	・500 ppm			・50 ppm	・10 ppm		
吸排気系	・四弁化	・VG ターボ ・EGR		・クールド EGR	・高性能 EGR	・2 ステージターボ		
触媒等		・酸化触媒			・DPF・尿素触媒			
	1990	1995	2000	2005	2010	2015		2020

年　度

合わせて，表7.4に示すような新しい対策技術が生まれている。この表では排気の質量規制になった1994年から載せているが，新技術の導入年度は企業によって若干異なる場合もあり，参考年度として見てもらいたい。

7.5.1　燃焼改善

　直接噴射式エンジンから発生する微粒子は，燃焼室内での空気との混合を促進することで低減できる。そのためには，高圧で燃料噴射を行うこと，そして高過給により噴霧内への空気の取り込みを増やすとともに，空気流動を増大することが有効である。

　列型ポンプ時代の噴射圧力は，高性能の列型でも70 MPa程度であったが，コモンレール式によって噴射圧力は120 MPa程度になり，最近は200 MPaを超えている。これによってザウター平均粒径が従来の30～40 μm から10 μm 程度に微粒化され，着火遅れの短縮に寄与している。なお，第6章でも説明したが，電子制御の高圧噴射システムによって，噴射時期，噴射回数などの自由度が増大し，騒音，NO_x，微粒子の同時低減が可能になった。図7.20は，高圧でのマルチ噴

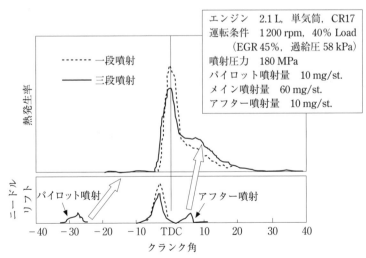

エンジン　2.1 L，単気筒，CR17
運転条件　1200 rpm，40% Load
　　　　　（EGR 45%，過給圧58 kPa）
噴射圧力　180 MPa
パイロット噴射量　10 mg/st.
メイン噴射量　60 mg/st.
アフター噴射量　10 mg/st.

図7.20　多段噴射を行った場合の燃焼の特徴[21]

射（三段噴射）とその場合の熱発生率の一例である。パイロット噴射によって主燃焼が若干早くなり，熱発生率のピークが抑えられNO_xと騒音低減が期待できる。またアフター噴射によって後期燃焼が活発になっており，微粒子の低減が可能になる。

以上のように，コモンレール式と高過給によってPM排出量が改善できたが，NO_xのさらなる低減が求められている。その解決策の1つが予混合化ディーゼル燃焼である。早期噴射で予混合気を作り，冷炎反応を利用して低温での主燃焼を狙っている。まだ負荷範囲が限られているが，EGRの活用などで着火時期のコントロールが可能になれば，NO_xのさらなる低減につながることになる。

7.5.2　ディーゼルエンジンにおけるEGR

ディーゼルエンジンの場合にもEGRはNO_x低減方法として有効である。ただし，低負荷では，酸素濃度の変化が少なく大量のEGRを行わないとNO_xの低減効果が現れない。特に過給機を装着したエンジンではEGR率を高める必要があり，過給機の上流から排気を分流する高圧ループEGRに加えて，過給機の下流から分流する低圧ループEGRが必要となる場合もあり，配管経路が複雑になる。さらにEGR効果を高めるためにEGRクーラーを用いるクールドEGRが

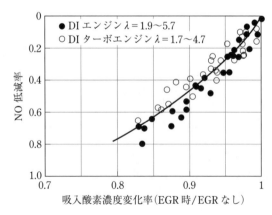

図7.21　ディーゼルエンジンの吸入ガス中の酸素濃度とEGR効果[22]

通例であり，マッピング制御も取り入れるなど高度化している。なお，EGRによるNO$_x$低減率は，図7.21のように，吸気中の酸素濃度に対して整理すると比較的良い相関が得られているが，基本的特性はガソリンエンジンとおおむね同様である。一方，EGR率が高くなるとシリンダー内酸素濃度が減少するためにPMが発生しやすくなる。このためEGR率には制約があり，EGRバルブの開度などでEGR率はマッピング制御されている。

7.5.3 触媒システムとDPF

高圧噴射，EGRあるいは高過給などを適用しても，ディーゼル重量車のポスト・ポスト新長期規制やアメリカのUS10規制値を達成するのは困難であり，後処理によるNO$_x$とPMの同時低減が必要である。そのためにDPFや触媒を使った図7.22のようなシステムが一般的になっている。

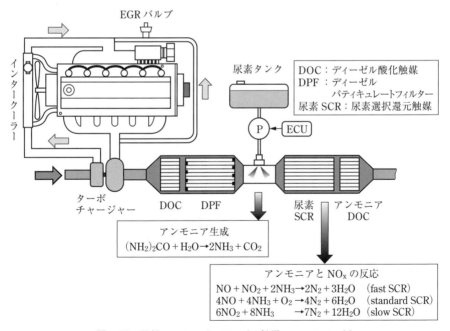

図7.22　最新のディーゼルエンジン触媒システムの一例

DPF の前の酸化触媒は SOF を酸化するほか，DPF の入口温度を再生温度まで昇温させる役割を担っている。その他，市内走行など排気温度の低い条件で長時間使用すると，DPF に捕集される PM が飽和状態になることがある。この PM を酸化し DPF を再生させるには，低速での運転では排気温度が低く困難な場合がある。そこで，燃料のアフター噴射，吸気絞りなどによって排気温度を高めるが，さらに温度上昇が必要な場合，膨張行程で噴射する，いわゆるポスト噴射や排気管噴射で燃料を酸化触媒に供給し，排気温度を高めて DPF を強制再生している。

NOₓ の排気後処理に関しては，乗用車を中心に一時期吸蔵還元触媒が使われたが，最近では尿素 SCR が乗用車から重量車までの広い範囲で利用されている。尿素触媒は DPF 後方に配置されており，その直前で尿素水を噴射している。噴射された尿素水（$(NH_2)_2CO + H_2O$）はアンモニア（NH_3）と炭酸ガスになる。このアンモニアは触媒内で NO_x と反応し，N_2 と H_2O に還元される。なお，少量であるが未反応のアンモニアが発生するため，最下流にこれを酸化する触媒を設けている[23]。尿素水の利用は，補充するためのインフラ整備の問題もあったが，ディーゼル車全般に装着が増え，一般のスタンドで入手できるようになっている。将来は層状給気式のガソリンエンジンにも使われる可能性がある。

●参考文献

1) 環境省；平成 29 年度の大気汚染状況について（報道発表），添付資料，別添 1，https://www.env.go.jp/press/files/jp/111931.pdf

2) 日産自動車；大気汚染と自動車，日産自動車広報部広報課（1973）

3) G. A. Lavoie, J. B. Heywood, J. C. Keck；Experimental and Theoretical Study of Nitric Oxide Formation in Internal Combustion Engines, Combust. Sci. Tech., Vol.1（1970）

4) K. Komiyama, J. B. Heywood；Predicting NO_x Emissions and Effects of Exhaust Gas Recirculation in Spark-Ignition Engines, SAE Paper 730475（1973）

5) I. A. Voiculescu, G. L. Borman；An Experimental Study of Diesel Engine Cylinder-Averaged NO_x Histories, SAE Paper 780228（1978）

6) R. J. Tabaczynski, J. B. Heywood, J. C. Keck；Time-Resolved Measurements of Hydrocarbon Mass Flowrate in the Exhaust of a Spark-Ignition Engine, SAE Paper 720112（1972）

7) G. Greeves, I. M. Khan, C. H. T. Wang, I. Fenne；Origins of Hydrocarbon Emissions from Diesel Engines, SAE Paper 770259(1977)

8) K. Becker；The Influence of an Ignition Accelerator on the Ignition Quality and Anti-Knock Properties of Light Hydrocarbons in the Diesel Engine, SAE Paper 760163(1976)

9) 藤原，登坂；ディーゼル噴射から微粒子形成に至る生成，酸化過程の履歴の追跡，日本機械学会 RC86 報告書・Ⅱ(1990)

10) 吉岡，前田，福島；'94 米国排ガス規制適合いすゞ6HE1TC エンジン，いすゞ技報，No.93(1995)

11) JCAP ディーゼル車 WG；ディーゼル車 WG 報告(2000)，http://www.pecj.or.jp/japanese/jcap/jcap2000symposium/3.diesel-wg-report.pdf

12) 環境省；平成 30 年光化学大気汚染の概要，http://www.env.go.jp/air/%20air/osen/mat.pdf

13) 環境省；平成 30 年版環境・循環型社会・生物多様性白書，第 2 部，第 4 章，http://www.env.go.jp/policy/hakusyo/h30/pdf/2_4.pdf

14) 日本自動車輸送技術協会；技術解説，http://www.ataj.or.jp/technology/index.html

15) John B. Heywood；Internal Combustion Engine Fundamentals, McGraw-Hill Education(1988)

16) A. A. Quader；Why Intake Charge Dilution Decreases Nitric Oxide Emission from Spark Ignition Engines, SAE Paper 710009(1971)

17) U. Adler, et al.；Automotive Handbook(2nd Ed.), Bosch(1986)

18) 原田，渡辺，丹羽；トヨタカリーナ用 7A-FE 用リーンバーンエンジン，内燃機関，Vol.34, No.426(1995)

19) 今井ほか；高耐熱型メタル担体の開発，新日鉄技報，No.349(1993)

20) ダイハツ工業；貴金属全てが自己再生する「スーパーインテリジェント触媒」を開発，https://www.daihatsu.com/jp/news/2005/20051006-01.html

21) 神谷ほか；多段噴射による大型ディーゼルエンジンの排出ガス低減，自動車技術会論文集，Vol.38, No.2(2007)

22) H. Tsunemoto, et al.；The Role of Oxygen in Intake and Exhaust on NO Emission, Smoke and BMEP of a Diesel Engine with EGR System, SAE Paper 800030(1980)

23) 村田ほか；尿素 SCR システムの NO_x 浄化率向上に関する研究(第 1 報)，自動車技術会論文集，Vol.39, No.5(2008)

第 8 章

自動車用エンジンと地球温暖化問題

　地球温暖化にともなう気候変動によって，砂漠化や海面上昇，異常気象など地球規模で大きな被害が発生するようになった。その最大の原因物質は二酸化炭素（CO_2）であり，その削減に向け COP（気候変動枠組条約締約国会議）が毎年開催され検討が続けられている。その議論の中で，2011 年には京都議定書が承認され，2015 年にはパリ協定が結ばれた。その骨子は以下の二点である。

- ・産業革命以前からの世界の平均気温上昇幅を 2℃以内に保つとともに，さらに 1.5℃以下に抑える努力をする。
- ・そのため，できるかぎり早く世界の温室効果ガス排出量をピークアウトさせ，21 世紀後半には，温室効果ガス排出量と（森林などによる）吸収量のバランスをとる。

　このような協定が先進国だけでなく，多くの経済発展途上国でも検討されるようになったことは画期的であるが，世界の CO_2 排出状況は深刻であり，発生源が多様で規制も難しい。本章では自動車から排出される CO_2 の削減に向けた課題などについて見ていくことにする。

8.1　CO_2 の発生源と自動車での取り組み

8.1.1　日本および世界の CO_2 発生状況

　産業革命以来，人口の増加にともなう経済活動の拡大や生活習慣の変化などに

ともなってエネルギー消費が増えており，21世紀も図8.1のように世界全体ではCO_2は増加を続けると予想している報告もある。このようなことから，大気中のCO_2濃度は1900年頃300 ppm程度だったものが増加を続け，最近415 ppmを超えたとの報道がある[1]。これまでは先進国のエネルギー消費の影響が大きかったが，今世紀に入ってからは経済発展途上国での増加が問題となっており，特に，

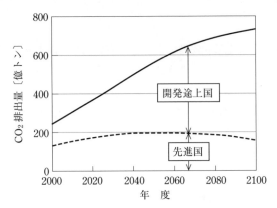

図8.1 世界のCO_2排出量の予測
（SRES B2（環境重視，持続可能な経済成長，地域の独自性を尊重）に準拠したシナリオより）[2]

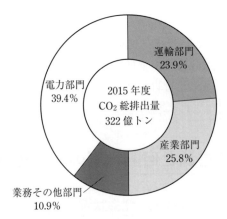

図8.2 世界のセクター別CO_2排出量
（IEAのデータを資源エネルギー庁で整理）[3]

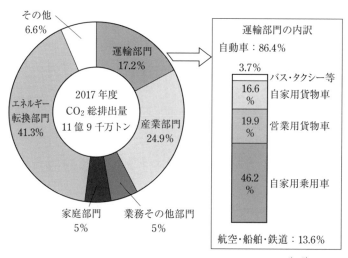

図 8.3 日本のセクター別 CO_2 排出量と運輸部門の内訳 [4], [5]

排出量の多い中国（28.3％），インド（6.2％）での排出量の動向が重要である。

図 8.2 は 2016 年 IEA（国際エネルギー機関）が発表した世界の CO_2 発生源別のデータである。このデータでは電力部門が約 40％（発電時での比率）と大きく，運輸部門は 24％程度になっている。しかし，世界で利用されている自動車は年々増加し，2016 年の統計では 13 億台を突破している。欧米や日本での所有台数は飽和状態であるが，中国をはじめとした経済発展途上国で急増しており，この傾向は今後も続くと思われる。このようなことから，自動車の CO_2 削減に向けた取り組みが求められている。

日本の現状であるが，図 8.3 に示すように運輸部門からの CO_2 排出割合は 17％程度であり，この内訳は，ガソリンエンジンを主な動力源とする乗用車がほぼ 50％，ディーゼルエンジンを主に搭載している貨物・バス部門が 38.5％，その他は船舶や航空機になる。幸い，運輸部門の CO_2 排出量は，自動車の燃費改善に対する積極的な取り組みで，2000 年頃をピークに減少傾向が続いているが，さらなる削減に向け，燃費規制（CO_2 排出量規制）が始まっている。

8.1.2 燃費規制と CO_2 規制

(1) 燃費規制

　日本の乗用車の燃費規制は 2010 年から始まり，2015 年および 2020 年以降の目標値が定められている。燃費基準値はトップランナー方式で決められており，乗用車の場合，16 区分された車両重量ごとに基準値が設けられている。基準値は各重量区分の車両の中で最良値を参考として，今後の技術向上分を見込んで決定するが，販売台数やハイブリッド車などの駆動方式の違いにも考慮して決められている。

　図 8.4 は，日本で販売されている乗用車の平均燃費の推移を示している。燃費は販売戦略で重要な要素であるため各社で改善が進み，早い段階で目標値を大きく上回っている。なお，燃費は運転モードによって異なり，2015 年までは 10・15 モードでの測定結果で評価されてきた。このモードでは実走行との乖離が大きいことから，2015 年からは JC08 モード（図 7.12 参照）に変更されている。

　乗用車の場合，2020 年からの目標値は図に示すように 20.3 km/L であったが，2030 年からは 25.4 km/L となる。しかも測定方法がより実用燃費に近いと言われている，WLTC の超高速モードを除く走行で評価することになる。WLTC モードの燃費を JC08 モードの燃費に換算して比較すると，2030 年の燃費規制値は

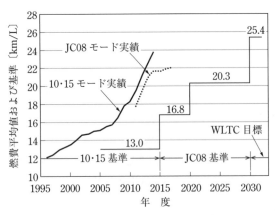

図 8.4　燃費基準値と実績の推移 [6)]

表8.1　各国の乗用車に対する CO_2 規制方針

年度	日本	アメリカ	EU	中国
2015	137	146	123	160
2020	114	116	95	116
2025		127	81	93
2030	91		59	

単位 CO_2〔g/km〕，日本は燃費を換算表示

2020年の1.4倍程度になる。さらに，2020年からはトップランナー方式からCAFE（corporate average fuel efficiency）と呼ばれる企業別平均燃費基準方式になる。これは，各企業の車両区分に応じた販売台数と燃費基準値から各企業の基準値を決めるもので，これまでのような車両重量ごとの基準値での評価ではなく，企業全車種に対する総合評価になる。

　なお，以上は主としてガソリン乗用車が対象となるが，重量車についても日本は世界に先駆けて基準値を設けており，2015年に比べ2025年までに15%程度の改善を目指すことになっている。

(2) CO_2 規制

　日本では燃費規制〔km/L〕によって CO_2 の削減を目指しているが，欧米などでは CO_2 の排出質量で規制している。表8.1は日本の燃費規制値〔km/L〕を CO_2 排出量〔g/km〕に換算して他国と比較したものである。各国とも自動車からの CO_2 削減を目標としているが，アメリカが従来の方針を変更して，2025年以降にはむしろ規制を緩和することになっており，注視する必要がある。

　このように運輸部門での CO_2 削減に向け，多くの国で規制が強化されているが，その対応策としてはエンジンの改善のほか，駆動方式の変更や，走行抵抗の低減などが挙げられる。これらの中から，本章では主としてエンジンに関する取り組みについて概説する。

8.2　熱効率の向上

　エンジンの熱効率は第3章で示したように，冷却損失，排気損失，未燃損失，機械的摩擦損失および吸排気損失によって決まる。排気損失は，等容度の低い燃

焼や不完全膨張によって増加する損失である。このような損失の低減に向け，近年多くの研究が進められているが，興味深い取り組みや今後の発展が期待される研究について概要を紹介する。

8.2.1 理論サイクルと燃焼の改善

(1) アトキンソン（ミラー）サイクルの活用

基本原理はアトキンソン氏（英）が発明したサイクルであり，圧縮行程より膨張行程のストロークを長くして不完全膨張にともなう損失の低減を図るエンジンである。アトキンソン氏が発明した時代には機械的にストロークを変更したため，機構が複雑で不具合も多く利用が限定されていた。しかし近年，吸排気バルブの開閉時期の電子制御によってもアトキンソンサイクルと同等の効果が得られるこ

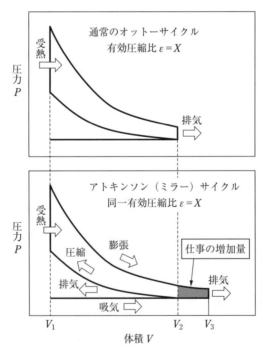

図 8.5　アトキンソン（ミラー）サイクルの模式図[7]（動画あり）

とから利用が広まった。これをミラーサイクルと呼ぶことが多いが，原理的には
アトキンソンサイクルと同様である。形式として，ヨーロッパでは吸気弁早閉じ
が多いが，日本では吸気弁遅閉じが主流となっており，吸気弁遅閉じ方式を基本
にその原理を見ていくことにする。

図 8.5 は有効圧縮比が同じオットーサイクルとアトキンソンサイクルの P–V
線図を模式的に示している。図に示すように，オットーサイクルでは V_1 から
V_2 までが吸気行程で，ここで吸気弁が閉じ V_2 点から圧縮が始まる。アトキン
ソンサイクルではストロークを伸ばし V_1 から V_3 まで吸気できるようにし，V_3
から V_2 の間は吸気弁を閉じないで V_2 から圧縮を開始する。一方膨張行程は，オッ
トーサイクルの場合，V_1 から V_2 であるのに対して，アトキンソンサイクルで
は V_1 から V_3 まで拡大でき，その結果，ハッチングの部分が増加仕事になる。
なお，実用化されているエンジンでは模式図に示すほどストロークを伸ばせない
場合が多く，吸気弁の遅閉じ位置を負荷や回転速度に応じて制御し最適化を図っ
ている。この場合，熱効率が改善できるものの出力が低下するため，過給機と組
み合わせて用いる場合が多い。

(2) 高圧縮比ガソリンエンジン

ガソリンエンジンの熱効率は圧縮比を高くすると良くなることがわかっている
が，圧縮比はスパークノックによって制限されている。したがって，圧縮比を高
めてもスパークノックが発生しない燃焼が可能になれば，高圧縮比ガソリンエン
ジンが実現できる。この課題に取り組んだのがマツダである。

図 8.6 は，開発過程で得られた圧縮比を変更した場合の P–V 線図とその場合
の熱発生率を示している。この中で圧縮比 15 の熱発生率を見ると，上死点付近
で低温酸化反応が確認でき，燃焼圧力もほかより高くなっている。この低温酸化
反応はその後の燃焼速度を速めるうえで効果があり，結果として圧縮比 13 と同
等の出力が得られている。その後燃焼室や噴射系の最適化と圧縮比を調整した結
果，圧縮比 14 でも全負荷の出力が圧縮比 11.2 と同等になり，低燃費エンジンと
して商品化されている。

(3) 超希薄燃焼ガソリンエンジン

ガソリンエンジンで希薄燃焼を行うことができれば，吸気絞り損失の低減，燃
焼温度の低下にともなう冷却損失の減少，および作動ガスの比熱比の増加によっ

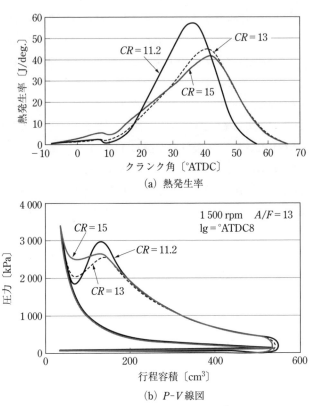

(a) 熱発生率

(b) *P-V* 線図

図 8.6 高圧縮ガソリンエンジンの燃焼状態[8]（動画あり）

て熱効率が向上することが知られている。しかし，三元触媒で NO_x の浄化ができなくなることがその適用を妨げていた。それに対し，当量比 0.5 以下まで希薄化しても十分な燃焼速度を確保できれば，NO_x を抑えた高効率燃焼が可能になる。近年，そうした研究が国家プロジェクトとして進められ，ガソリンエンジンの熱効率が 50% を超えたとの報告がある[9]。この場合，強いタンブルと多段放電のできるスパークプラグが重要になっている。吸気行程中に形成した超希薄混合気と強いタンブル流は，圧縮上死点前で小さな渦になりプラグ付近を通過するが，その混合気に数度に分けて強いエネルギーの点火を行うことで火炎核を形成するものである。ここでできた火炎核に圧縮上死点付近の圧縮熱が加わり，それが引き金となって多点点火で安定した燃焼となり，NO_x の発生を抑えた高効率エン

ジンを実現できたとしている。

（4）高速空間燃焼ディーゼルエンジン

ディーゼルエンジンにおいても国家プロジェクトでの研究が成果を上げ，熱効率50％を超えたことが報告されている[10]。このプロジェクトでは，冷却損失の低減と等容度の向上を目指して多くの研究が行われている。この中で，後燃えの改善と燃焼室壁面への冷却損失の低減への取り組みが興味深い。特に，特殊な噴射弁を開発し，燃料噴射率を漸減できる逆デルタ噴射率と呼ばれる方法が効果を発揮している。この逆デルタ噴射率を高圧で多段噴射を行うことによって，後燃えが改善され，壁面への火炎接触時間・面積も減少し，燃焼時間の短縮による等容度と冷却損失が同時に改善されている。もちろん，熱効率の向上は摩擦損失や排熱発電等の効果も含むものであるが，今後の熱効率向上の指針となる多くの知見が示されている。

8.2.2　機械損失・吸排気損失の低減

（1）ダウンサイジング

近年，高性能のツインターボやVGターボが開発されたことによって，低速トルクが高くなるとともにターボの作動遅れが改善され，それを適用したダウンサイジングエンジンが多くなっている。低速トルクの向上により，低速域での使用頻度が高くなり，機械損失が軽減でき燃費の改善につながっている。そのほか，気筒数を減らしたダウンサイジングを行った場合には，エンジンの軽量化，ピストンの接触面積やクランクジャーナルの減少による摩擦損失の低減，さらに，過給圧力の増加によって吸排気損失の軽減も期待できる。

（2）作動気筒数の制御

負荷に応じて作動気筒数を制御するもので，図8.7のようなV型エンジンに適用しやすい。ガソリンエンジンの場合，負荷が低いと吸気絞りが大きくなって，図のように吸排気損失が増大する。一方，低負荷で半数の気筒を停止した場合，作動気筒の平均有効圧力が高まり，吸排気損失が低減される。その結果，正味熱効率が高くなり，10％程度燃費が改善できるとの報告もある。

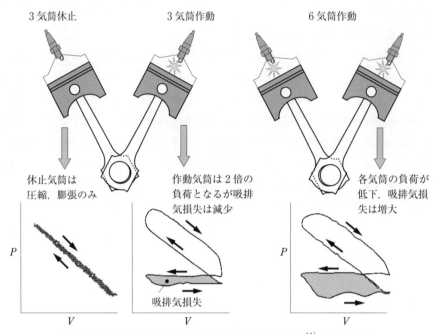

図 8.7　作動気筒を制御した場合の吸排気損失の変化 [11]（動画あり）

(3) アイドリングストップ

　最近の自動車ではアイドリングストップが一般的になってきている。エンジンで熱効率が一番低いのがアイドリングで，図示仕事と摩擦損失がバランスしている状態で正味熱効率はゼロであり，信号待ちなどではエンジンを停止したほうが良い。このシステムではエンジン停止時のクランク角度を制御し，次の1回転程度で再始動が可能になっており，日本発の画期的な発明であると言える。

8.2.3　変速機での最適化

　図 8.8 は走行性能線図とエンジン性能線図である。仮に，マニュアルミッション車で走行する場合，車速 V における走行抵抗 F（所要駆動力）は図 8.8（a）の走行性能線図から求めることができ，所要出力 N_V〔kW〕も走行抵抗と車速から算出できる。この場合の車速に対応したエンジン回転速度 n は走行性能線

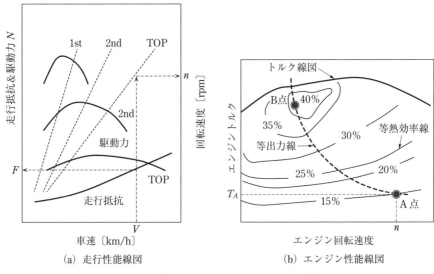

図8.8　変速システムによる運転領域の最適化

図から求まるので，所要出力 N_V に必要なトルク T_A は $N = 2\pi n \cdot T$ の関係から算出できる。この点は図 8.8（b）のエンジン性能線図上では A 点となり熱効率は 15％程度である。同等の出力〔kW〕は，図中の等出力線（破線）となるが，もし変速システムで熱効率の高い B 点にエンジンを制御できれば，熱効率 40％での運転が可能になる。このような制御は MT 車や AT 車では困難であるが，応答性の良い無段変速機であれば可能である。近年，特殊な金属ベルトやチェーンを使った CVT（continuously variable transmission）が開発され，このような制御が可能となり，小型車を中心に利用されている。CVT は伝達効率の低いことが課題であるが，市街地走行の燃費改善効果が大きいため利用が広がっている。

8.3　電動化時代のエンジン

8.3.1　電動化の情勢

（1）EV の拡大

アメリカカリフォルニア州で始まった ZEV 規制は，2019 年の段階で 10 州に

広がっている。それらの州では，2020年には新車の6％にEVを，3.5％の PHEV（plug-in hybrid electric vehicle）を導入することを求めている。また，大気汚染の深刻な中国では NEV（new energy vehicle）が法令化され，2020年には新車の12％にEVが導入される。このように，新車販売台数の世界1位と2位の国がEV化を進めることになり，ヨーロッパでも同様の動きとなっている。しかし，バッテリー製造や充電の問題，電力需要増に対する発電体制，あるいは既存産業の衰退への対応など課題もあり，急激なEV化は困難との見解もある。

　また，IEAが2017年に出した今後の自動車用動力源の動向（図1.18参照）を見ると，エンジンのみを動力源とする車は2020年頃にピークアウトするとされている。その後，ハイブリッド車が増加するものの2030年頃で約25％で，エンジンのみの車が60数％程度と予測している。EVの増加も期待されているが燃料電池車を含めても10％に満たない。このように，2030年でも90％以上の車がエンジンを搭載していることになることから，エンジンの熱効率向上に向けた努力は今後も続けられなければならない。

(2) Well to Tank, Tank to Wheel（WtW）でのCO_2評価

　EVは走行時だけを見るとクリーンであるが，他の動力源と比較する場合には，発電にともなうCO_2や大気汚染についても考える必要がある。仮に，EVの増加にともなう電力需要に対して石炭火力発電所を増やすようでは，排出物質の発生場所を変えただけになる。そのようなことから，採掘から車輪（Well to Tank, Tank to Wheel：WtW）までの総合的なエネルギー消費にともなうCO_2発生を評価する必要がある。

　図8.9はWtW評価の一例である。この資料は経済産業省等の補助事業として進められていた燃料電池に関するプロジェクトでの調査結果をもとに，日本自動車研究所（JARI）が「総合効率検討作業部会」と連携して，2011年にまとめたものである。なお，対象車両は1.5Lクラスの小型ガソリンエンジン車で，JC08モードでの比較である。

　図を見ると，内燃機関の中でCO_2排出量の少ないのは天然ガスエンジン車で，ガソリンエンジン車の80％弱になっている。ここには示されていないが，バイオ燃料を使ったエンジン車は燃料を作る段階でCO_2を吸収するので排出量が大幅に減少するとの報告もある。ガソリンエンジンを搭載したハイブリッド車

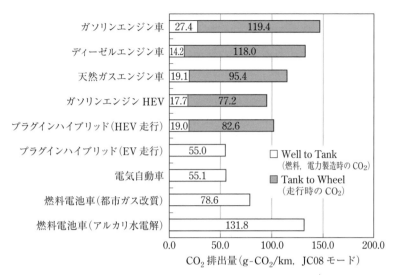

図 8.9 Well to Tank, Tank to Wheel での CO_2 比較 [12]

（HEV）も排出量が低く，ガソリンエンジン車の 65 ％程度になっている。プラグインハイブリッド車（PHEV）は，充電したバッテリーのみで走行する EV 走行と外部電源を使わない HEV 走行時について示しているが，外部から充電したエネルギーをどれだけ使うかによって CO_2 排出量が大きく変化する。EV 走行比率が高くなる走行形態では電気自動車に近い値が期待できる。

　この中では電気自動車の排出量がもっとも低く，ガソリンエンジン車の 40 ％以下になっている。再生可能な電力を使うことになればさらに排出量は低くなるが，いずれにしてもバッテリーのエネルギー密度や充電時間などの課題がある。また，石炭火力発電所の多い国ではエンジン車なみとの試算もあり [13]，注視する必要がある。燃料電池車については，燃料生産時（WtT）の CO_2 排出量が大きく，現在の技術では都市ガス改質で水素を作った場合でもハイブリッド車なみである。ただし，今後の技術革新によっては電気自動車以下の排出レベルになるとの報告もある。

8.3.2　ハイブリッド形式とエンジン

　今後の自動車動力源は EV 化，HEV 化が主流になるが，ここでは HEV について概説する。

　ハイブリッド車の方式は，図 8.10 のように三形式であるが，これらにプラグイン装置を取り付けた場合を含めると四形式となり，その特徴は次のような点である。

①シリーズハイブリッド

　エンジンとモーターは切り離されていて，エンジンは発電機を駆動して充電するためだけに使われる。そのため，エンジンは熱効率の最良点で発電するように制御すればよい。なお，この方式の欠点は，モーターとバッテリーの出力を大きくするために重たくなる点である。

②パラレルハイブリッド

　登坂や加速，高速時にはモーターの駆動力不足をエンジンが補う形式である。エンジンは高負荷範囲を使うことが多いので，高負荷領域の熱効率を高めたエンジンが望まれる。なお，この形式ではモータージェネレーター 1 基でよく，コス

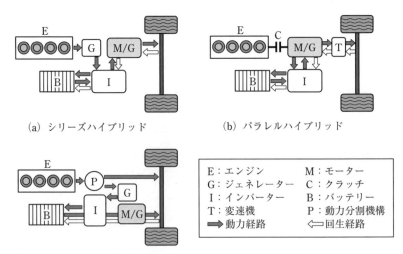

(a) シリーズハイブリッド　　　　　　(b) パラレルハイブリッド

(c) パラレル / シリーズハイブリッド

E：エンジン　　　　　M：モーター
G：ジェネレーター　　C：クラッチ
I：インバーター　　　B：バッテリー
T：変速機　　　　　　P：動力分割機構
➡ 動力経路　　　　　⬅ 回生経路

図 8.10　ハイブリッドの基本的なシステム模式図[14]（動画あり）

ト面で有利であるが，回生効率が低くなるのが欠点である。

③パラレル/シリーズハイブリッド

　エンジンとモーターの間にクラッチが付いていて，シリーズハイブリッドと同様，モーターだけでの運転も可能である。エンジンとモーターで駆動している場合でも，エンジンの熱効率の悪い負荷範囲ではモーター駆動に変更することも可能である。システムとしては複雑であるが，燃費が良いので広く使われている。

④プラグインハイブリッド

　家庭のコンセントからの充電が可能であり，夜間電力や太陽光発電なども利用できる。EV運転を基本としているが，バッテリーの残量が少なくなるとエンジンでの充電を開始する。シリーズハイブリッドに近いが，より大きなバッテリーを使うのが一般的である。航続距離に難がある純粋のEVに対して優位性を有している。この場合エンジンは小型でよく，また熱効率最適点での運転が可能である。

　以上のように，ハイブリッド車に搭載するエンジンは熱効率最大付近で運転することが多く，出力よりも熱効率を重視したエンジンが求められる。そのため，HEV用エンジンは，圧縮比を高め，ミラーサイクルを活用するなどして，従来エンジンに比べ中速域の熱効率を高めるよう工夫されている。また，熱効率の高い領域を拡大しており，運転制御の最適化がしやすいエンジンとなっている。

●参考文献

1）Newsweek 日本版；今の地球の CO_2 濃度は，人類史上例のない人体実験レベル，https://www.newsweekjapan.jp/stories/world/2019/09/co2-9.php

2）環境省；STOP THE 温暖化 2008，将来の排出削減の可能性，https://www.env.go.jp/earth/ondanka/stop2008/16-17.pdf

3）資源エネルギー庁；エネルギー白書，第 1 部，第 3 章，第 2 節，https://www.enecho.meti.go.jp/about/whitepaper/2018html/1-3-2.html

4）環境省；2017 年度（平成 29 年度）の温室効果ガス排出量（確報値）について，https://www.env.go.jp/press/111337.pdf

5）国土交通省；運輸部門における二酸化炭素排出量，https://www.mlit.go.jp/sogoseisaku/environment/sosei_environment_tk_000007.html

6）国土交通省；第 5 回自動車燃費基準小委員会配布資料，乗用車燃費規制の現状と論点について，https://www.mlit.go.jp/common/001224511.pdf

7) 大阪ガス；アドバンストミラーサイクルガスエンジン，https://www.osakagas.co.jp/company/efforts/rd/technical/1191056_3909.html

8) 山川ほか；効率のカギを握る圧縮比，自動車技術，Vol.66，No.4(2012)

9) 飯田ほか；SIP「革新的燃焼技術」ガソリン燃焼チームの研究成果 高効率ガソリンエンジンのためのスーパーリーンバーン研究開発，日本燃焼学会誌，Vol.61，No.197(2019)

10) 石山ほか；SIP「革新的燃焼技術」におけるディーゼル燃焼の研究，日本燃焼学会誌，Vol.61，No.197(2019)

11) 藤原ほか；新可変シリンダシステム V6 ガソリンエンジンの開発，自動車技術，Vol.62，No.3(2008)

12) 鈴木；高効率低公害自動車の Well to Wheel 評価，自動車技術，Vol.68，No.7(2014)

13) PwC Japan；自動車の将来動向(第3章)，https://www.pwc.com/jp/ja/knowledge/thoughtleadership/automotive-insight/vol5.html

14) 村中；新訂 自動車用ガソリンエンジン，養賢堂(2011)

第9章

シリンダー内のガス交換

9.1　4サイクルエンジンの吸排気行程

　エンジンの吸排気行程は，性能，熱効率，および排気エミッションに影響を与える重要な作動過程の1つである。4サイクルエンジンの基本は，吸気・圧縮・膨張・排気で，各行程いずれも上死点から下死点あるいは下死点から上死点までのクランク角度で180°としているが，実際のエンジンでは性能や熱効率の改善のため，吸排気バルブの開閉時期は運転条件によって制御されるようになった。

9.1.1　バルブタイミング

　図9.1は，乗用車用ガソリンエンジンにおける標準的なバルブリフト曲線とバルブタイミングである。図9.1（a）に示すように，バルブリフト曲線は緩やかな正弦曲線であり，吸気弁のリフトのほうが排気弁より高くなっている。図9.1（b）はバルブタイミングを表示した図である。排気弁開時期（EVO）は膨張行程下死点前50～60°付近となっているが，この時期が早すぎると不完全膨張により図示仕事が低下する。一方，EVOを遅らせると，排気行程の圧力が上昇して排気押出損失が増加する。このような現象を考慮してEVOが決められている。排気弁閉時期（EVC）は上死点後10～15°前後に設定されるが，吸気弁開時期（IVO）が上死点前10～15°前後となるため，上死点前後で両方のバルブが同時に開いている期間がある。この期間をバルブオーバーラップ（弁重合）と呼んでおり，排気管内圧力とシリンダー内圧力との差圧で残留ガスの掃気を行い，新気量の増大を図ることに利用している。しかし，図9.1（a）に示すバルブオーバーラップ面

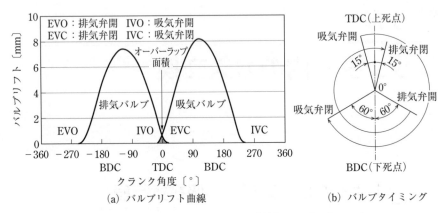

(a) バルブリフト曲線   (b) バルブタイミング

図9.1 4サイクルエンジンのリフト曲線とバルブタイミング

積が広すぎると，絞り弁で負荷をコントロールしているガソリンエンジンでは，低負荷運転時に残留ガスが吸気管内に逆流して，次の燃焼が不安定になる。また，条件によっては燃料を含む混合気がそのまま排気に吹き抜けることから制約がある。一方，吸気弁閉時期（IVC）は圧縮行程開始後 $30\sim60°$ 付近となっているが，遅すぎると有効圧縮比が低下する。低速回転速度域では，IVC は下死点近くに設定したいが，高速域での出力が低下するため，通常のエンジンでは下死点後になっている。

　図9.2 は，回転速度と吸排気行程中のシリンダー内圧力の変化を示したもので

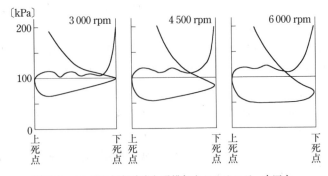

図9.2 エンジン回転速度と吸排気中のシリンダー内圧力

ある。3 000 rpm 以下の回転速度域では，吸気行程下死点付近でシリンダー内圧力は大気圧近くになっているが，回転速度が速くなると，吸気行程下死点付近のシリンダー内圧力が負圧（大気圧以下）になる。この状態で吸気弁を閉じると新気量が減って出力が低下することになるため，弁閉時期は圧力が回復する下死点以降に設定されている。

9.1.2　可変バルブタイミング

　回転速度などの運転条件によって最適なバルブタイミングが変化するため，バルブタイミングおよびバルブリフトを自由に変えられる可変方式が開発され，広く使われるようになった。図 9.3 は立体カム機構を用いた可変システムの例である。このカム機構の場合，連続的にリフトを変えられる立体カムが吸排気カムシャフトに組み込まれており，この立体カムを DC モーターとボールねじの組み合わせで瞬時に移動させることで，図 9.3 (b) のようにバルブリフトやバルブの開閉時期を制御している。

　このような可変機構の開発によって，吸気バルブの開閉時期を制御して熱効率が改善できるミラーサイクルが多くのエンジンで使われるようになった。また，低負荷時には半数の気筒のバルブリフトを停止して休止運転とすることで，摩擦損失の低減や熱効率の改善が可能になった。

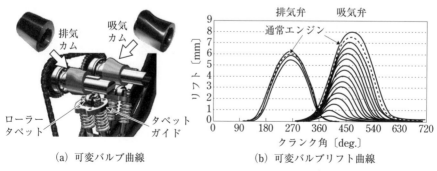

(a) 可変バルブ曲線　　　(b) 可変バルブリフト曲線

図 9.3　可変バルブ機構とバルブリフト曲線[1]

9.2 体積効率と充填効率

エンジンの全開出力時の性能（最大トルク）は，サイクル当たりの吸入空気量で決まる。この場合の吸入空気量は，吸排気系の流路設計の良否，エンジン諸元で変化することから，各エンジンの吸入能力を判断する評価値が必要であり，そのために体積効率や充填効率が定義されている。

9.2.1 体積効率

エンジンの出力特性を判断する1つの指標である体積効率 η_v は，測定時の大気条件で，行程容積 V_h を占める空気質量を100％としたときの吸入空気質量の割合であり，次式で定義される。

$$\eta_v = \frac{\rho_a V_a}{\rho_a V_h} \tag{9.1}$$

$\rho_a V_a$：新気密度 ρ_a〔kg/m³〕での1サイクル当たりの新気質量〔kg〕

$\quad$（V_a：1サイクル当たりの新気体積〔m³〕）

$\rho_a V_h$：ρ_a の条件で V_h を占める新気質量〔kg〕（V_h：行程容積〔m³〕）

したがって，体積効率は外気温度や大気圧が変化した場合でも，そのエンジンの吸入能力の評価が可能である。

9.2.2 充填効率

車を高地あるいは高温のもとで運転した場合，吸入空気質量が減少して出力が低下する。このような場合の評価のために，標準大気条件での行程容積を占める空気質量と実測した空気質量の比率を求め，これを充填効率 η_c と定義している。

$$\eta_c = \frac{\rho_a' V_a}{\rho_0 V_h} \tag{9.2}$$

$\rho_a' V_a$：1サイクルに吸入された乾燥空気の質量〔kg〕

$\quad$（ρ_a'：乾燥空気密度〔kg/m³〕）

$\rho_0 V_h$：標準大気条件で V_h を占める乾燥空気質量〔kg〕

（ρ_0：標準大気条件，0.101 MPa，20℃，相対湿度60％での乾燥空気密度〔kg/m³〕）

ここで乾燥空気とは，空気中の水蒸気を取り除いた空気のことである。例えば，30℃で相対湿度80％の場合，大気中には3％近い水蒸気を含むことから，水蒸気を含まない空気に比べて燃焼に関与する酸素量が減少する。したがって，充填効率は酸素量の比でもある。

なお，体積効率 η_v と充填効率 η_c の間にはおおよそ次の関係が成立する。

$$\eta_c = \eta_v \frac{\rho_a{}'}{\rho_0} \tag{9.3}$$

9.3　吸排気系の静的評価

エンジンの燃焼改善のためには，シリンダー内でスワールやタンブルあるいはマイクロタービュレンスを形成することが重要である。スワール等は吸気ポートの形状によって強度が異なるが，一般に強化しようとすると流路抵抗が増加する。このような場合の流路抵抗の評価値として，流量係数が用いられている。

9.3.1　流量係数とスワール比の測定

図9.4は流量係数とスワール比を測定する定常流試験装置の概要を示している。この装置は，供試エンジンシリンダーヘッド部を上部に取り付け，バルブリフトを変更しながら，一定流量を流したときのバルブ前後差圧から流量係数を，また，シリンダー相当部に取り付けた羽根車の回転速度からスワール比を算出している。なお，スワールの形成方法については，第5章のガソリンエンジンの燃焼，第6章のディーゼルエンジンの燃焼で述べたので，ここではスワール比の求め方を概説する。

スワール比は，定常流試験装置において，一定の空気量を流したときの羽根車回転速度から求める。この場合の空気量は，エンジン回転速度 n〔rpm〕における吸気行程中の平均吸入空気量（ボア面積×平均ピストン速度）を使う場合が多い。このときの羽根車の回転速度 N〔rpm〕から次式によりスワール比を算出している。

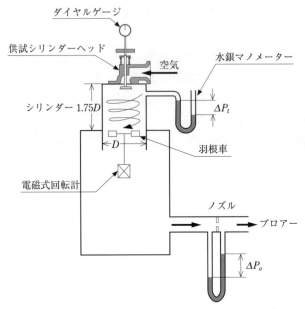

図9.4　定常流での流量係数とスワール比の測定装置[2]

$$平均スワール比 = \frac{羽根車の回転速度\ N}{エンジン回転速度\ n}$$

9.3.2　流量係数の算定

図9.5は，吸気ポート内各部の断面積の一例を示している。最大バルブリフト付近ではバルブガイド付近の面積 C が最小となるが，バルブリフトが低い範囲ではバルブシート部の開口面積 A が最小となる。このような面積変化や形状の影響は流量係数によって評価することができる。なお，空気は圧縮性流体であるが，定常流試験装置内の圧力差は小さいため非圧縮性流体として扱うことができる。

装置にヘッドを設置し，一定のバルブリフ

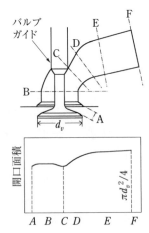

図9.5　ポート内各部の断面積変化

トのもとでブロアーにより空気を吸引したとき，流量計測用ノズルを通過する空気流量 Q_o は，

$$Q_o = C_o A_o \sqrt{2\rho_a \Delta P_o} \quad \text{(kg/s)} \tag{9.4}$$

C_o：ノズルの流量係数，A_o：ノズル開口面積〔m²〕，

ρ_a：空気密度〔kg/m³〕，ΔP_o：計測用ノズル前後差圧〔Pa〕

として求めることができる。一方，バルブ部を通過する空気量 Q_v は，

$$Q_v = C_v A_v \sqrt{2\rho_a \Delta P_t} \quad \text{(kg/s)} \tag{9.5}$$

C_v：バルブ部流量係数，A_v：バルブ部開口面積〔m²〕，

ΔP_t：バルブ部圧力損失〔Pa〕（タンク内差圧）

として表示できる。ここで $Q_v = Q_o$ であるから，バルブ部の流量係数は次式で求められる。

$$C_v = \frac{C_o A_o}{A_v} \sqrt{\frac{\Delta P_o}{\Delta P_t}} \tag{9.6}$$

なお，バルブ部開口面積 A_v は，バルブリフト h_v とともに変化し，次式で示される。

図 9.6 において，リフト h_v が①と②の間，すなわち，d_2 とバルブシートの距離で開口幅が決まる範囲の場合，$h_v \leqq (d_2 - d_0)/\sin 2\alpha$ であり，開口面積 A_v は，

$$A_v = \pi h_v \cos\alpha \left(d_2 - \frac{h_v \sin 2\alpha}{2} \right) \tag{9.7}$$

となる。

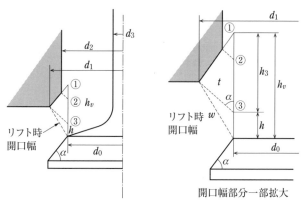

図9.6　バルブ開口部の面積変化

リフト h_v が②から③に移った場合，すなわち，d_0 とポート側バルブシートとの距離で開口幅が決まる範囲の場合，$(d_2-d_0)/\sin2\alpha<h_v\leqq(d_1-d_0)/\sin2\alpha$ の条件であり，開口面積 A_v は，

$$A_v=\pi h_v\cos\alpha\Big(d_0+\frac{h_v\sin2\alpha}{2}\Big) \tag{9.8}$$

となる。

リフト h_v が③以上，すなわち $h_v>(d_1-d_0)/\sin2\alpha$ の条件では，d_1 と d_0 を結んだ線で開口幅が決まり，その中間直径から開口面積が求められる。この場合，③までリフト（h_3）したときの開口幅を t とすると，$t=(d_1-d_0)/2\sin\alpha$ であり，h_3 以上のリフト量を h とすると $h=(h_v-h_3)$ となり，開口幅 w は三角関数の式を利用して求めることができるから，この場合の開口面積 A_v は，

$$A_v=\frac{\pi(d_1+d_0)}{2}\sqrt{h^2+2ht\cos\alpha+t^2} \tag{9.9}$$

となる。

なお，上式で得られるバルブ開口面積よりもポートの面積が小さい場合には，

$$A_v=\frac{\pi(d_1{}^2-d_3{}^2)}{4} \tag{9.10}$$

となる。

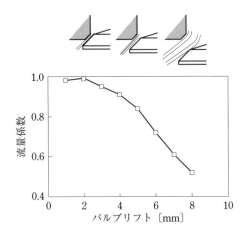

図 9.7　バルブリフトと流量係数の関係

このような方法で求めた面積をもとに流量係数を求めると，図9.7のようになる。図に示すように，リフトが1〜2 mm程度では，バルブシート部を通過する流れは層流に近く，流体の粘性抵抗の影響が主であり，流量係数は1に近い。リフトが大きくなるに従い，バルブシート部で流れの剥離が発生し流量係数が低下する。さらにリフトが大きくなると，ポート部の縮流や剥離などが影響して流量係数は一段と低下し，0.5程度になる場合がある。

9.3.3 流量係数の影響因子

体積効率を高めるためには流量係数を改善することが重要となるが，特に，リフトの高いところでの流量係数の影響が大きい。一般的には，流れが一方向に片寄らないこと，および燃焼室壁がバルブシート部からの流出の妨げにならないことなどである。なお，流量係数の改善策として次のような事例がある。

（1）ポートの傾斜角

ポートの傾斜角 β は，空気をバルブ傘部円周から均等にシリンダーに流出させるうえで効果が大きい。図9.8はその一例であるが，β が大きいほど高いリフトにおける流量係数が改善され，体積効率が数％上昇している。

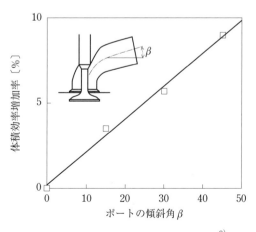

図9.8　ポートの傾斜角と流量係数の関係[3)]

(2) バルブシート部付近の形状

バルブとポートの傾斜角が大きいと流量係数は増加するが、燃焼改善に必要なタンブルが弱くなりやすい。このことを改善するために、図5.30で紹介したように、バルブの着座部分を溶射で形成し、流量係数とタンブル強さを改善したエンジンが開発された。従来、バルブ着座部分はインサートを挿入するため形状の自由度が少なかった。この部分を溶射によって形成したことで、最適化が可能となって流れが一方向に片寄りながらも目標の流量係数を確保できるようになり、それに起因した燃焼時間の短縮により熱効率の向上も実現している。

(3) バルブガイドおよびポート研磨

バルブステムを保持するのはバルブガイドであるが、この部分がポート部に突き出すと絞り部分となり、流れが剥離しやすくなる。図5.30の例でもこの突き出しを少なくしており、流量係数改善に貢献している。また、レース用などではポート研磨を行うが、これは空気と壁面の摩擦損失を低減するためであり、高回転速度で効果がある。

9.3.4 平均流量係数と吸気マッハ指数

(1) 平均流量係数 C_{vm}

バルブ径やカム形状が異なるエンジンの場合、バルブ部の開口面積が変わるためそれらを考慮した評価が必要となる。そのため、流量係数と開口面積の積であ

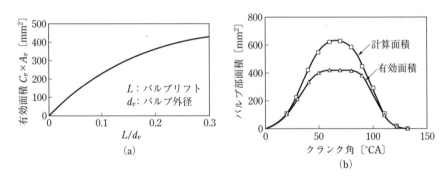

図9.9 バルブリフトと有効面積（バルブ外径：30 mm）

る有効面積をもとに，吸気行程全体の流路抵抗を評価する平均有効面積 A_{vm} が定義されている。

　図9.9（a）は，バルブ外径で無次元化したバルブリフトに対する有効面積の例である。この関係とクランク角に対するバルブリフト曲線を利用すれば，図9.9（b）のように有効面積曲線を求めることができる。なお，図中の計算面積とはバルブリフト曲線に対する幾何学的なバルブ部開口面積（式（9.7）～（9.10））であり，両者の差が形状損失となる。また，この場合の平均有効面積 A_{vm} は，バルブ開口期間内の有効面積曲線の平均値であり，次式で求められる。

$$A_{vm} = \frac{1}{\theta_2 - \theta_1} \int_{\theta_1}^{\theta_2} A_v C_v(\theta) d\theta \tag{9.11}$$

　　θ_1：吸気弁開き始めのクランク角〔°CA〕，

　　θ_2：吸気弁が閉じるクランク角〔°CA〕

　平均有効面積 A_{vm} が求まれば，これを利用して吸気行程中の平均流量係数 C_{vm} が算出できる。C_{vm} は，バルブ外径（d_v）に相当した面積（$A_{vo} = \pi d_v^2/4$）を代表面積とした場合の吸気行程中の仮想流量係数であり，次式より求めることができる。通常のエンジンの場合 C_{vm} は 0.3～0.4 程度の場合が多いが，この数値によってカム形状や吸気ポートまわりの形状の良否が評価できる。

$$C_{vm} = \frac{A_{vm}}{A_{vo}} = \frac{A_{vm}}{\frac{\pi}{4} d_v^2} \tag{9.12}$$

（2）吸気マッハ指数 M_S

　ピストン移動にともなう吸気行程中の吸気バルブ部とシリンダー内の流には連続の式が成り立つことから，吸気行程中のバルブ部を通過するガスの平均流速 V_s は次式から求まる。

　連続の式は，

$$A_{vm} \cdot V_s = \frac{\pi D_p^2}{4} \cdot V_p \tag{9.13}$$

　　V_p：平均ピストン速度＝$S \cdot n/30$

　　　　（S：ストローク〔m〕，n：回転速度〔rpm〕），

　　D_p：ピストン直径〔m〕

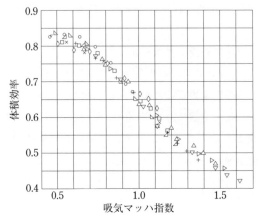

図 9.10 C. F. Tayler が求めた吸気マッハ数と体積効率の関係 [4]

となり，式 (9.13) と式 (9.12) を用いて変形すると，バルブ部のガス流速 V_s は，

$$V_s = \frac{V_p}{C_{vm}}\left(\frac{D_p}{d_v}\right)^2 \tag{9.14}$$

となる。

　一方，V_s と音速 a の比は吸気マッハ指数 M_s と呼ばれており，体積効率の変化を決定する重要な無次元数で，次式で求めることができる。

$$M_s = \frac{V_s}{a} = \frac{1}{C_{vm}} \cdot \frac{V_p}{a}\left(\frac{D_p}{d_v}\right)^2 \tag{9.15}$$

　a：音速 $= \sqrt{\kappa R T}$（κ：比熱比，R：ガス定数 $\mathrm{[J/(kg \cdot K)]}$，$T$：ガス温度 $\mathrm{[K]}$）

　図 9.10 は，吸気マニホールドを装着しないエンジンで，バルブ径やバルブリフトを変更した場合の吸気マッハ指数と体積効率の実験結果である。M_s が 0.5（音速の 1/2：音速は約 340 m/s）より小さくなるように設計されたエンジンでは，流量係数に差があっても体積効率の変化が少ないが，M_s が 0.5 を超えると急激に体積効率が低下する。

（3）平均流量係数の改善

　マッハ指数を小さくするためには，平均流量係数を向上させる必要があり，その 1 つの方法が 9.3.3 項で示したような流量係数の改善である。そのほかにも，多弁化やカム形状なども影響因子として挙げられる。

①吸排気弁の多弁化

　吸気系の有効面積を大きくするには，バルブ径を拡大するか，数を増加させることが考えられる。一般的には吸気系の流路抵抗よりも排気系の流路抵抗のほうが性能への影響が小さいので，排気バルブ径は吸気バルブ径の7〜8割程度になっている。このことも考慮してバルブ径やバルブ数を決めなければならない。図9.11はバルブ数に対する計算開口面積と有効開口面積を調べた結果である。計算開口面積はバルブ数とともに増大しているが，有効開口面積の増加が5バルブ（吸気3バルブ，排気2バルブ）以上では，流れの干渉もあって大きな効果は期待できないことがわかる。

②カム形状

　平均流量係数の改善を考えると，バルブの開閉を瞬間的に行うのが理想的である。しかし，バルブにかかる加速度あるいはバルブシートの打音などを抑えるために，バルブの開閉付近は一定以上の加速度がかからないよう緩やかなリフト曲線となっている。しかし，できるだけリフト面積を大きく取ることが平均流量係数の改善につながることから，レース用エンジンなどでは，耐久性あるいは騒音

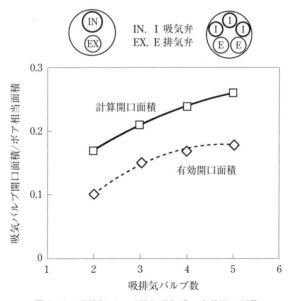

図9.11　吸排気バルブ数と吸気系の有効開口面積

を若干犠牲にしてハイリフト化および立ち上がりの早いカムを使うことがある。

9.3.5　吸排気系の流路抵抗に関する総合評価

　実際のエンジンの体積効率は，吸気ポート付近の形状損失だけで決まるものではなく，エアクリーナーからサイレンサーに至るすべてが抵抗として影響する。これら各部の圧力損失を吸気バルブ傘径に相当した直管の長さに置き換えた場合，図 9.12 に示すような等価管長になる。

　この図は気化器時代のデータで，最近のエンジンに比べて吸気系の損失が大きめであるが，各部抵抗のおおよその寄与率がわかる。また，排気系と吸気系の等価管長そのものと，性能への影響比率を吸気 1 に対し排気は 0.7 程度とした場合の数値も記載している。図に示すように，圧力損失にともなう吸・排気ポート付近の性能寄与率は約 65% を占めており，この部分の改善をバランスよく行うことが，体積効率を改善するうえで重要であると言える。

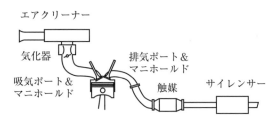

	エアクリーナー&気化器	吸気ポート&マニホールド	排気ポート&マニホールド	触媒&サイレンサー	合計
等価管長	5.5 m	13.4 m	15.2 m	9 m	43.2 m
性能寄与率	12.8%	31.1%	35.2%	20.9%	100%

① 等価管長は径が 30 mm の鋼管で評価
② 性能寄与率では，排気系の等価管長を吸気の 70% として算定

図 9.12　吸排気系各部の等価管長と出力への寄与率
（1.6 リッター，ガソリンエンジンの例）

9.4　吸排気系の動的特性

　体積効率の静的改善には有効面積を拡大することが重要であり，抵抗の少ない形状，あるいはバルブ径やバルブ数の増大などによって可能となる。しかし，これらの方法には設計面での限界があるため，体積効率をさらに改善するには，吸排気管内の圧力波を利用する動的効果の活用も必要である。

9.4.1　慣性効果

　空気は弾性体であるから，吸気開始にともなってバルブ付近は負圧になり，図9.13（a）に示すように密度の低い圧力波（疎波）が発生する。バルブ付近で発生した密度の低い圧力波が入口部に到達すると，図9.13（b）のように，この部分に新気が流入して密度が高くなる。この圧力波（密波）は音速でバルブ部に向かうので，密度の高い圧力波の到達と吸気弁閉時期を，図9.13（c）に示すように合致させれば，高い体積効率が得られる。このような体積効率の改善方法を慣

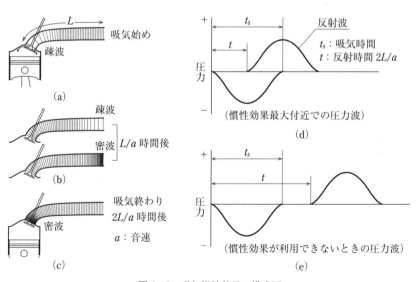

図 9.13　吸気慣性効果の模式図

性効果と呼んでいる。この場合の圧力波と吸気弁閉時期の関係は，図 9.13（d）のように，吸気弁閉時期と反射波のピーク付近が一致するような場合である。

したがって，このときの関係は次式で示される。

$$t = \frac{t_s}{2} \tag{9.16}$$

ここで，吸気時間 t_s および反射波到達時間 t は次式で示すことができる。

$$t_s = \frac{60}{n} \cdot \frac{\theta_s}{360} = \frac{\theta_s}{6n} \tag{9.17}$$

$$t = \frac{2L}{a} \tag{9.18}$$

a：音速（約 340 m/s），n：エンジン回転速度〔rpm〕，
θ_s：吸気弁の作動期間，L：吸気管長〔m〕

慣性効果の条件としては，式（9.17），式（9.18）と式（9.16）の関係から次式で求められる。なお，吸気期間 θ_s は 180° 以上のエンジンが多いが，理論的な説明のため 180° とした場合，慣性効果が最大となる吸気管長 L は，

$$L = \frac{a\theta_s}{24n} \fallingdotseq \frac{2\,550}{n} \ \text{〔m〕} \tag{9.19}$$

となる。なお，この式で求まる L は実験結果と一致する範囲もあるが，理論的にはシリンダー体積を含めたヘルムホルツの共鳴周波数での補正が必要である。

9.4.2 脈動効果

慣性効果は，吸気行程中にバルブ付近に戻ってきた最初の圧力波を利用しているが，図 9.14 のように，圧力波は減衰しながら次の吸気開始付近でも影響を与える。このような現象を脈動効果と呼んでおり，回転速度が速いときや吸気管が長い場合に影響が大きい。

なお，この関係は毎秒吸気回数 n_s（$n/120$）と圧力波の吸気管内振動数 ν との比で示すことができ，これを同調次数 m として定義している。すなわち，

$$m = \frac{\nu}{n_s} \fallingdotseq \left(\frac{a}{4L}\right) \Big/ \left(\frac{n}{120}\right) = \frac{30a}{nL} \tag{9.20}$$

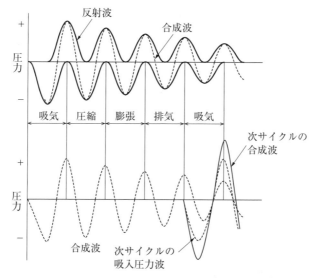

図 9.14 吸気管内圧力波による脈動現象の模式図 [5]

となる。一方，慣性効果の条件で，$t_s/2$ と t の比を q とすると，q は次のように変形することができる。

$$q = \left(\frac{t_s}{2}\right)/t = \left(\frac{\theta_s}{6n}\right)/\left(\frac{4L}{a}\right) = \frac{\theta_s}{720} \cdot \frac{30a}{nL} \qquad (9.21)$$

近似解として式 (9.21) に式 (9.20) を代入すると，

$$q = m\frac{\theta_s}{720} \qquad (9.22)$$

となる。なお，慣性効果は $q=1$ で最大となるから，$\theta_s = 180°$ とすると，$m=4$ となる。

図 9.15 は，吸気管長と体積効率に関する実験結果を同調次数 m で整理したものである。図において，体積効率が高い場合の同調次数の 4 は慣性効果に相当するもので，脈動効果は $m=1.5$，2.5 付近でプラス効果となり，逆に $m=1$，2 付近ではマイナス効果となっている。

なお，最近のエンジンでは，図 9.16 に示すように，慣性効果と脈動効果の双方を利用した可変吸気管長方式が使われている。この方式の場合，低回転速度で

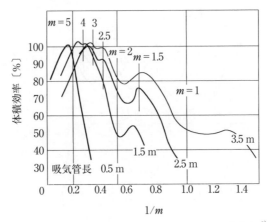

図9.15 吸気管長を変更した場合の同調次数と体積効率[6]

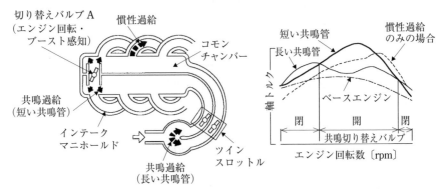

図9.16 慣性効果と脈動効果を利用した吸気管システムとトルク特性[7]

はＡのバルブを閉じて，長い吸気管として慣性効果を利用している。中速域ではバルブＡを開き，コモンチャンバーの容積部を大気開放部とすることで，短い吸気管での慣性効果を利用している。さらに高回転速度域ではバルブＡを閉じて，長い吸気管での脈動効果により体積効率を改善している。

　慣性効果および脈動効果は排気系においても利用でき，特に掃気による性能向上を重視する２サイクルでは重要な要素になっている。

9.4.3 吸気干渉および排気干渉

吸排気系の動的効果に類似した現象として吸排気干渉がある。4サイクル・4気筒ガソリンエンジンの場合，点火順序は1番気筒，3番，4番，2番の順が多いので，吸気行程も1番気筒の次に3番気筒となる。この場合，図9.17に示すように，1番気筒の吸気終了付近で3番気筒の吸気が始まるので，t_1後には3番気筒の負圧波が1番気筒に到達し1番気筒の吸気を妨害する，いわゆる吸気干渉が起きる。この対策としては吸気管を長くすればよいが，気化器付エンジンの時代には長い吸気管では加速遅れが発生するため利用できなかった。しかし，ガソリン噴射エンジンになってからは，右上の図のようにコモンチャンバーを介して吸気管の長さを変更することで3番気筒の圧力波が1番気筒に届く時間がt_1からt_2と長くできるようになり，吸気干渉を避けて体積効率の向上が可能になっている。

一方，排気系は，俗にいう「タコ足マニホールド」が排気干渉の低減に効果を上げている。図9.18は，1–3–4–2の着火順序の場合の集合型（左上図）とタコ足マニホールド（右上図）との場合を示している。タコ足タイプでは，3番気筒の排気圧力波が1番気筒に到達するまでにL_2/aの時間を要するため，1番気

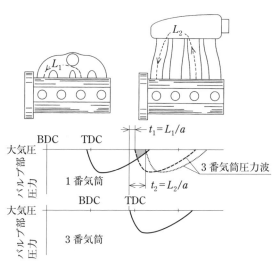

図 9.17 4気筒エンジンにおける吸気干渉の模式図

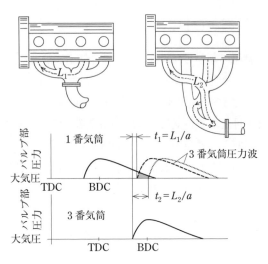

図 9.18 4 気筒エンジンにおける排気干渉の模式図

筒の排気を妨害することが軽減され，排気がスムーズに行われている。その結果，残留ガスが減って新気が増加するとともに，気筒内の温度上昇も抑制されることで，スパークノックの防止にも効果を上げている。

9.5　過給システム

　エンジンの出力性能を高めるために，吸排気系の流量係数の改善や慣性過給などを活用しているが，さらに出力が必要な場合には過給機が利用されている。特に近年，排気ターボチャージャーの性能向上により，低速域でも高過給が可能となり，出力性能の向上はもとよりエンジンの小型化（ダウンサイジング）による出力性能と熱効率の改善が可能になっている。さらに，ディーゼルエンジンでの高過給は，排気微粒子の低減に大きく寄与している。なお，低速トルクを必要とするエンジンでは，機械式過給方式（スーパーチャージャー）を使う場合がある。

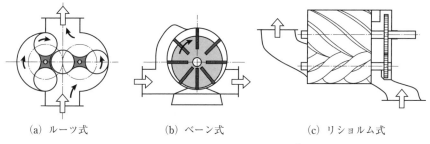

|(a) ルーツ式|(b) ベーン式|(c) リショルム式|

図9.19 スーパーチャージャーの例[4]

9.5.1 機械式過給方式（スーパーチャージャー）

　スーパーチャージャーは，クランク軸からの動力あるいは電動モーターで圧縮機を駆動する方式である。もっとも多く利用されている圧縮機は，図9.19（a）に示すようなルーツブロアータイプである。高圧になると圧力漏れがあり性能は低下するが，信頼性の高い機器である。そのほか，ベーンタイプ（図9.19（b））やリショルムタイプ（図9.19（c））などがあるが，構造が複雑で利用例が少ない。このようにスーパーチャージャーは低速での高過給が可能であり，加速時の応答遅れ（ターボラグ）がないために一時期スポーツカーで利用されたが，高速では機械損失が増大するため，排気ターボチャージャーと組み合わせて使う場合が多い。

9.5.2 排気ターボ過給方式（ターボチャージャー）

　エンジンの膨張行程は不完全膨張であり，有効なエネルギーを排気エネルギーとして大気に放出している。図9.20（a）は排気行程付近での P-V 線図の模式図である。ハッチング部分が排気エネルギーで，ブローダウン時でも排気管内圧力は高くはないが，排気ガス温度は1 000℃以上にもなるため，大気圧まで膨張できればエネルギーの回収が可能である。このエネルギーでタービンを駆動し，その出力をコンプレッサーの動力として利用するのがターボチャージャーである。その基本構成は図9.20（b）のようになっている。

　排気エネルギーは，低負荷・低速域では小さく，負荷および回転速度が高くな

るほど大きくなる。これまで，ターボチャージャーは最高出力の向上を目標としたため，低速では過給が十分ではなく，低速からの加速が緩慢になるターボラグと呼ばれる現象があった。一方，高負荷・高速では過剰過給となることがあり，ピストンなどの熱負荷の増大や最大圧力の上昇によってエンジンが破損する懸念があった。このような問題点を解決したのが，VGT（variable geometry turbo）で，低速から高速でも適切な過給圧力が得られるようになった。

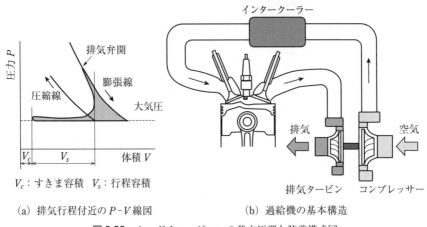

V_c：すきま容積　V_s：行程容積

（a）排気行程付近の P-V 線図

（b）過給機の基本構造

図9.20　ターボチャージャーの基本原理と装着模式図

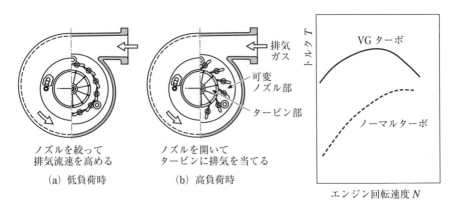

（a）低負荷時

（b）高負荷時

図9.21　VGT の基本構造とトルク特性[8]（動画あり）

図 9.21 は VGT のタービン構造とトルクカーブの模式図である。低速・低負荷時にはノズルを絞ることにより流入速度を高めてタービンを高速で駆動し，高い吸気圧力を発生させている。排気エネルギーが大きくなるに従ってノズルの開口面積を大きくし，排気タービンブレードへの排ガス流速を制御して必要な過給圧力が得られるようになっている。この場合でも安全のために高速では排気ガスをバイパスさせるウエストゲートが装着されている。VGT エンジンの特徴は低速トルクを増加できることであり，ディーゼル乗用車の多くがこの方式を採用しており，ガソリン車より加速感が良いとの評価もある。

　VGT で低速トルクが相当改善されたが，さらに低速での過給圧力を上げるために図 9.22 のような二段過給システムが利用されている。多くの場合，大小二個のタービンを装着し，低速時には大きいほうのタービンで圧縮したガスを小さなタービンでさらに圧縮して低速トルクを高めている。高速・高負荷では大きなタービンだけで過給圧力が確保できるため，小さなタービンはバイパスするよう

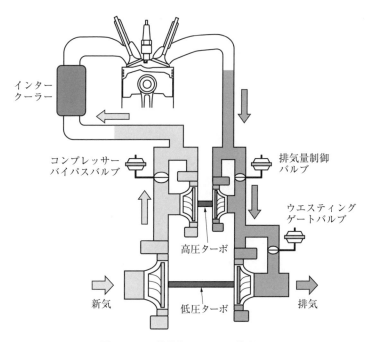

図 9.22　二段過給システムの模式図

にバルブのマッピング制御が組み込まれている。このようなターボチャージャーを装着することによって，正味平均有効圧力（BMEP）はガソリンエンジン，ディーゼルエンジンとも 2 MPa 程度まで向上している。

なお，高過給にともなうメリットは出力の増大だけでなく，吸気行程に加圧が行えるため吸排気損失が低減でき，熱効率の面でもメリットがある。

●参考文献

1) 滝ほか；三次元カム式連続可変バルブリフトエンジンの開発，自動車技術，Vol.62，No.9(2008)

2) J. H. Horlock, D. E. Winterbone；The Thermodynamics and Gas Dynamics of Internal-Combustion Engines, Vol.2, Oxford University Press(1986)

3) 古野，清水，奥村，岡野，井口，中西；4 バルブリーンバーンエンジンにおける高効率吸気系の開発，自動車技術会論文集，Vol.24，No.3(1993)

4) Charles F. Taylor；The Internal-Combustion Engine in Theory and Practice(2nd Ed.), Vol.1, MIT Press(1966)

5) 村中；新訂 自動車用ガソリンエンジン，養賢堂(2011)

6) 古濱；内燃機関，森北出版(1978)

7) 瀬名；エンジン性能の未来的考察，グランプリ出版(2007)

8) いすゞ自動車；ディーゼルエンジンテクノロジー，VGS ターボ，https://www.isuzu.co.jp/technology/d_databook/technology.html

第10章

冷却系および潤滑系

　エンジン開発において，冷却系と潤滑系は補助的な機能に見られがちであるが，エンジンの寿命，信頼性の向上，冷却損失の低減，および摩擦損失の改善といった観点から重視する必要がある。

10.1　冷却系の基礎

　実験室で高速・高負荷で運転されているエンジンを見ると排気管が赤熱しており，エンジン各部が高温にさらされていることがよくわかる。図10.1は，このような運転時の各部温度の測定例である。これらの温度は冷却系が正常な場合であり，異常があればさらに高温となりエンジンの破損を招くことにもなる。一方，過度に冷却すると冷却損失および摩擦損失がともに増加することから，各部の温度を適正な温度範囲に保つ冷却システムが必要である。

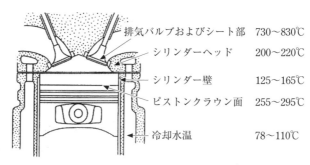

図10.1　エンジン各部の許容温度[1]

10.1.1　冷却系の役割

　先の図 10.1 のように高温になる部分は，以下のようなトラブルを発生する恐れがあり，それを避けるために冷却系は種々工夫されている。

①熱応力

　ピストンは燃焼圧力や回転速度の変動によって大きな機械的応力とともに，熱応力が加わって破損する場合がある。

②材料強度

　排気弁の温度は，高負荷では 800℃ 以上になるため，材料強度が低下してシート部で熱変形が起きることがある。

③熱膨張

　ピストンとシリンダーのすきまは 0.1 mm 程度であるが，冷却が十分でない場合には膨張によりピストンとシリンダーの溶着（焼き付き）が起きる場合がある。

④異常燃焼

　ガソリンエンジンでは，プラグ温度が 900℃ 以上になるとプレイグニッション（過早着火）が発生し，ピストンの溶融などエンジンを破壊する恐れがある。

⑤オイル劣化

　油温が高くなりすぎると酸化によりオイルの劣化が進む。

10.1.2　冷却の基礎理論

　燃焼時のエンジン内ガス温度は平均でも瞬間的にはガソリンエンジンで 2 500℃ 以上，ディーゼルエンジンで 2 000℃ 以上になり，局所的な火炎温度はそれよりもさらに高温となる。このような燃焼時の高温エネルギーを利用して動力を得ているが，その過程では種々の伝熱現象が起こっている。

(1) 熱伝達

　エンジン内の熱移動を考えると，図 10.2 のように，高温の燃焼ガスの熱はシリンダー表面付近の境界層を通って壁面に移動する，いわゆる熱伝達が基本となる。輝炎をともなうディーゼルエンジンではふく射の影響を無視できない場合もあるが，予混合燃焼であるガソリンエンジンの場合は壁面熱伝達のみを考えれば

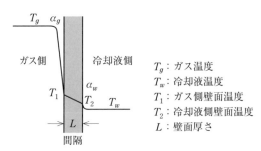

図 10.2　シリンダーライナー部における熱移動モデル

T_g：ガス温度
T_w：冷却液温度
T_1：ガス側壁面温度
T_2：冷却液側壁面温度
L：壁面厚さ

よいと言われている。シリンダー壁に達した熱は，シリンダー壁の厚さや熱伝導率によって冷却媒体側に移動する。この熱はシリンダー壁から熱伝達によって冷却媒体に吸収され，多くはラジエーターで放熱される。なお，熱伝達には強制対流と自然対流があるが，エンジン内の現象の多くは強制対流であり，シリンダー壁を例とした場合の熱流束 q は次式で示される。

燃焼室側

$$q = \alpha_g(T_g - T_1) \ \mathrm{[W/m^2]} \tag{10.1}$$

冷却媒体側

$$q = \alpha_w(T_2 - T_w) \ \mathrm{[W/m^2]} \tag{10.2}$$

$\alpha_g,\ \alpha_w$：熱伝達率〔W/(m²·K)〕

なお，熱伝達率 α は，シリンダー内の空気流動，温度，圧力などの影響を受け，また，エンジン内の部位によって異なるため，適応範囲の広い実験値が得られていないが，種々の経験式が提案されている。次式はシリンダー内ガスと壁面間の熱伝達率を求めたアイヘルベルグの実験式[2]である。

$$\alpha = 7.7\sqrt[3]{C_m}\sqrt{PT} \ \mathrm{[W/(m^2 \cdot K)]} \tag{10.3}$$

C_m：平均ピストン速度〔m/s〕，P：圧力〔MPa〕，T：ガス温度〔K〕

(2) 熱伝導

エンジンには多くの金属材料および非金属材料が使われており，これらが一定の温度を超えないように冷却する必要がある。この場合，先の図 10.2 に示した熱伝達によりシリンダーライナー表面に移動した熱は，金属壁を通って冷却媒体側に移動するが，ここでは次の熱伝導の式が成立する。なお，暖機運転中のよう

な非定常の場合には，非定常熱伝導の計算式を用いる必要がある。

$$q = \lambda \frac{T_1 - T_2}{L} \ \text{〔W/m}^2\text{〕} \tag{10.4}$$

λ：熱伝導率〔W/(m・K)〕，L：材料厚さ〔m〕，$T_1 - T_2$：温度差〔K〕

　主として熱伝導により放熱しているエンジン部品は，ピストン，排気弁，プラグなどである。いずれも重要な部品であるばかりでなく，冷却不足になると耐久性低下やエンジン破損につながるので留意が必要である。

(3) ふく射

　エンジンでのふく射現象は，高温の燃焼ガスからシリンダー壁へのふく射，赤熱した排気管やシリンダーブロック表面からボンネット内へのふく射等が考えられる。ふく射熱 q は温度の四乗に比例し，一定温度の黒体からのふく射エネルギーに対する実際の物体のふく射エネルギーの比（放射率 ε）を用いて次式で求められる。

$$q = \varepsilon \sigma (T_g{}^4 - T_1{}^4) \ \text{〔W/m}^2\text{〕} \tag{10.5}$$

ε：放射率，σ：ステファンボルツマン定数〔W/(m^2・K^4)〕，

T_g：高温側温度〔K〕，T_1：低温側温度〔K〕

　エンジンのヒートバランス（図 3.15 参照）では，ふく射熱を冷却損失に含めて示すことが多いが，シリンダーブロックやヘッドカバーからのふく射熱は冷却損失の数パーセント程度になることもある。

10.1.3　エンジン各部の冷却

(1) ピストン

　ピストンはエンジンの中でもっとも高温・高圧にさらされる部分であり，熱応力や機械的応力に加え，熱膨張も加わる。一方で往復慣性力を抑えるため軽量化も求められており，このような要求に応えられる材料が種々開発されてきた。当初は鉄系合金であったが，最近ではシリコンやニッケルの入ったアルミ合金の鋳造品が主流である。一方，過給圧力が高くなったディーゼルエンジンでは，高強度・低熱膨張率・低熱伝導率である鋳鉄製あるいは鋼製のものが再び使用されるようになっている。

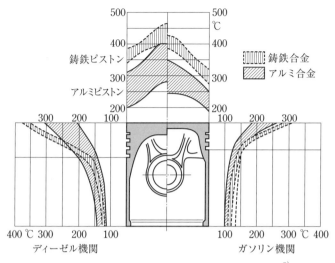

図 10.3　自動車用エンジンの全負荷時ピストン温度[3)]

　図 10.3 は，ガソリンおよびディーゼルエンジンのピストン各部の温度測定結果の一例である。全体にディーゼルエンジンのほうが高く，もっとも温度の高い部分はピストン中心部付近で，アルミ合金で 400℃，鋳鉄合金では 450℃ 以上になっている。この場合の冷却であるが，ピストン冷却用オイルジェットがない場合，60％以上の熱が主としてピストンリングを経由してシリンダー壁に移動する。オイルジェットがあれば，ピストンリング経由の熱は 40％程度に軽減される。いずれにしてもピストン冷却にはピストンリング，特にトップリング（図 10.14参照）付近の役割が大きいと言える。

（2）排気弁

　排気弁も高温にさらされる部分であり，その温度は 800〜900℃ に達する場合がある。熱によるバルブ着座時の変形，バルブステムのスティック，さらにはスパークノック防止のためにも十分な冷却が必要である。

　近年，積極的な冷却方法として，図 10.4 に示すようにバルブステムを中空にし，金属ナトリウムを封入した排気弁が利用されるようになった。ナトリウムは融点が 98℃ でエンジン作動時は液体となり，バルブの動きにともなってナトリウムは激しく撹拌される。これによって高温のバルブ傘部の熱はバルブステムからバ

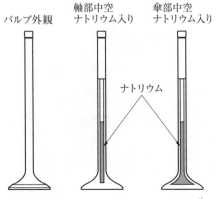

バルブ外観　　軸部中空　　　傘部中空
　　　　　　ナトリウム入り　ナトリウム入り

ナトリウム

図 10.4　ナトリウム封入バルブの模式図[4]

ルブガイドへと熱伝導により移動し，傘部が冷却される。図 10.4 の例のように，中空部のみにナトリウムを封入した場合でも，傘底表面の温度が約 50℃ 低下している。さらに，傘部まで封入した場合には 100℃ くらい低下するとの報告もあり[4]，ナトリウム封入の効果は大きい。

(3) プラグ

　プラグは排気弁よりもさらに高温となる。プラグの熱価選定を誤ると電極が 900℃ 近くになる場合があり，いわゆるプレイグニッションによってピストンが溶融する場合がある。プラグからの放熱経路であるが，接地電極からの熱はねじ部を通って，中心電極からの熱はプラグシート部を通って冷却液に移動する。両者で 60% 程度の放熱量になるようである。また，新気によっても冷却され，20% くらいの熱が新気に吸収される[5]。

10.1.4　冷却方式

　もっとも一般的な冷却方式は液冷方式である。その他，ヘッドやシリンダー外側にフィンを付けて放熱する空冷方式や，水が沸騰する際の潜熱を利用した蒸発冷却方式がある。これらは利用が限定されているので，ここでは不凍液を使った液冷方式の特徴について概説する。

（1）標準的な冷却システム

　燃焼ガスからシリンダー壁を通して冷却液に移動した熱はラジエーターで放熱するが，その際，液温が一定範囲に入るように放熱量を制御する必要がある。

　図10.5は，標準的な液冷方式の流路とサーモスタットの構造を示したものである。図10.5（a）のサーモスタットでは，温度によって膨張するワックスを利用して流路の切り替えを行っている。センターシャフトは固定されており，ワックスが膨張するとバルブが押し下げられ流路が開く構造になっている。この場合，液温が低いとサーモスタットは閉塞しており，図10.5（b）に示すように，バイパス通路を通って冷却液はエンジン内を循環する。液温がサーモスタットの設定温度に近づくと，サーモスタットはゆっくりと開き始め，冷却液はラジエーターに送られて放熱が行われる。ラジエーターでの放熱により液温が低下すると，サーモスタットが再び閉塞して内部循環経路に冷却液が回り始める。この場合にサーモスタットの時定数（応答速度の指標）が大きいと，温度制御の不安定なハンチング現象が起きてシリンダーの膨張・収縮変動が大きくなり，エンジンの摩擦や摩耗増大の原因になることがある。

　なお，ラジエーターのキャップには圧力調整弁が付いており，冷却液の沸点を110〜120℃まで高く保ち，気泡の発生を抑えている。

（2）サーマルマネジメント

　エンジンの暖機時間短縮は，燃費の向上，燃焼改善，触媒活性化あるいは室内ヒーターの快適性のために重要である。また，シリンダーライナーの上部と下部

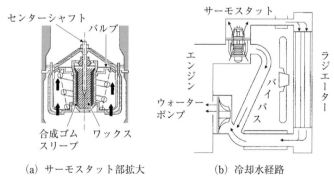

（a）サーモスタット部拡大　　　（b）冷却水経路

図10.5　標準的な冷却方式の模式図

との膨張差を抑制することは，ピストンの摩擦損失低減にも寄与することになる。こうした点から，サーモスタットの電子制御による冷却システムの高度化が進んでおり，このような熱の利用制御をサーマルマネジメントと呼んでいる。

サーマルマネジメントを行うために，以下に示す電動ポンプ，電動ファン，電子制御サーモスタット，ウォータージャケットスペーサーなどが利用されている。

①電動ポンプ，電動ファン

従来冷却用ポンプやファンはクランク軸回転に連動していたが，電動化によって暖機時には停止あるいは最小限の運転に留めることが可能になり，暖機時間の短縮に寄与している。また走行中の冷却を制御するためにラジエーターに電動シャッターを利用している例もある。

②電子制御サーモスタット

従来のサーモスタットにヒーターを組み込み，運転条件に応じて冷却液温度を制御しているエンジンもある。この場合，高負荷ではスパークノック防止のために85℃程度の液温とし，低負荷では冷却損失や摩擦損失改善のため，110℃程度まで高めるなどのマップ制御を行っている例もある。

③ウォータージャケットスペーサー

シリンダーライナーの上部と下部の温度差が大きいと，摩擦損失が増大する原因になる。そのため，図10.6のようにウォータージャケット内にスペーサーを

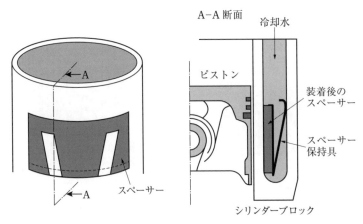

図10.6　ウォータージャケットスペーサーの模式図

挿入し，下部の水路を狭めることで冷却水量を減少させて温度を高め，逆に上部は積極的に冷却することでシリンダーライナーの熱変形の上下差を低減し，摩擦損失を改善している。

④排気熱回収器

　熱効率の改善や HEV 化により，室内ヒーター用熱量が不足する場合がある。このため，排気管に熱交換機を設けて暖機時間の短縮と室内暖房の快適性向上を実現している。

10.2　潤滑系の役割

　潤滑系というと摩擦，摩耗，冷却，防錆，衝撃緩和などと関連しており，エンジンの補助機能ではあるが，冷却系と同様に性能や耐久性，信頼性にかかわる重要な役割を担っている。潤滑系は単に潤滑機能のみではないことから，上記のような役割を含めてトライボロジーとして扱っている場合もある。

10.2.1　潤滑の基礎理論

　物体と物体が接触しながら相対運動を行う場合に摩擦抵抗が生ずるが，この抵抗は，固体潤滑では金属同士のせん断力に，流体潤滑の場合は潤滑油のせん断力によって生じるものである。

　図 10.7 は，運動する物体が潤滑油によって浮き上がった理想的な潤滑状態を示している。油膜内のせん断応力 τ は，粘性流体に対するニュートンの法則から，

$$\tau = -\mu \frac{dU}{dy} \ [\mathrm{N/m^2}] \quad (10.6)$$

　μ：潤滑油粘度〔Pa·s〕，

　U：滑り速度〔m/s〕

となる。

　単位幅当たりの摩擦力 R は，式 (10.6) を物体の移動方向に積分した次式から求めることができる。

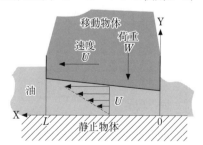

図 10.7　流体潤滑状態でのせん断応力発生の模式図

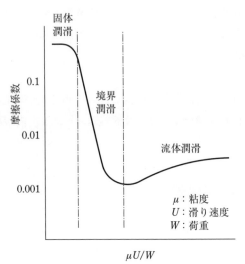

図 10.8　潤滑状態と摩擦係数の特性（Stribeck 線図）

$$R = \int_0^L \tau dx \ [\mathrm{N/m^2}] \tag{10.7}$$

　摩擦係数は，潤滑油粘度 μ と滑り速度 U の積である摩擦力と荷重 W の比によって変化し，模式的には図 10.8 のようになる。

(1) 固体潤滑

　固体と固体が直接接触する場合であり，仕上げ面が悪く表面に凹凸がある場合や，潤滑油が減少して油膜が切れた場合などに固体潤滑となる。この場合の摩擦力は表面凹凸のせん断力であり，荷重 W に比例するが摩擦係数の変化は少ない。

　正常なエンジン内では完全な固体潤滑は存在しないが，吸排気バルブの着座時あるいはバルブステムとバルブガイド間の潤滑条件はその状態に近い。特にバルブステムとバルブガイド間では，合金を作りやすい金属同士，あるいは同一の金属を用いると凝着を起こす場合がある。

(2) 境界潤滑

　図 10.8 の境界潤滑領域では，荷重，速度あるいはオイル粘度によって摩擦係数が大きく変化する。この領域では，荷重が大きくなった場合，あるいは速度や粘度が低下した場合に油膜が薄くなり，固体潤滑に近づいて摩擦係数が著しく増

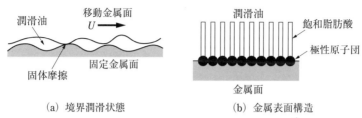

(a) 境界潤滑状態　　　　　　　　(b) 金属表面構造

図 10.9 境界潤滑状態と金属表面の構造の模式図[6]

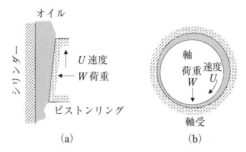

(a)　　　　　　　　(b)

図 10.10 ピストンリングおよび軸受におけるくさび形油膜形成

大する。

　境界潤滑の状況を模式的に示すと図 10.9 のようになる。図 10.9（a）に示すように一部は金属間接触をするが，オイル中の一部原子が金属表面にじゅうたん状に付着して金属間接触を防いでいる（図 10.9（b））。このような潤滑条件で運転されている部分には，ピストンやピストンリングなどがあり，燃焼圧力やシリンダー壁面の温度が高くなってオイル粘度が低下しすぎると，固体潤滑となり焼き付きを起こす原因になる。同じような潤滑条件の場所としてはカムとタペット間があり，この部分については材質や表面粗さを改善して対処している。

(3) 流体潤滑

　図 10.10 に示すように，軸受や潤滑状態の良いピストンリングなどでは，くさび作用によって物体間に油膜が形成され金属間接触がなくなる。このような条件下で摩擦係数がもっとも低くなり，理想的な潤滑状態となる。しかし，流体潤滑域であっても速度が大きい場合には，油膜のせん断応力が増加するために摩擦係数が再び増大する。

10.2.2 エンジンオイルの特性

(1) 潤滑油の役割

エンジンに使われるオイルは，石油の高沸点分から精製される鉱物系ベースオイルとナフサ成分から作られた化学合成ベースオイルを混合し，さらに以下のような要件を満たすために色々な添加物を混合して製品化されている。

① 長期にわたって油膜強度を維持すること

② 金属腐食を起こさないこと

③ 低温時の粘度が低いこと

④ 高温条件下でも変質しないこと

⑤ 金属との親和性（油性）が維持できること

⑥ スラッジあるいはワニス生成が少ないこと

(2) オイル粘度

油膜強度を確保するには，粘度が重要な要素となる。粘度は，アメリカ自動車技術会（SAE）によって SAE0W から SAE50 番までの標準値が定められている。W は冬季用であり番号の高いものほど粘度が高い。

図 10.11 は，エンジンオイルの温度に対する粘度特性の一例である。三種類のオイル粘度を示しているが，エンジンオイルには 10W-30 のようなマルチグレードオイルが多く使用されている。この特性は，低温時（約-20℃）には 10W の粘度に近く，高温（約120℃）では 30 番の粘度をもつように，ベースオイルに高分子化合物を添加して作られている。

使用外気温度に対するオイル粘度指数の推奨値があり，外気温が-20℃くらいになる地域では 5W-20 か 30，外気温が 30℃以上になるようなところでは 20W-40 か 50 となっている。これらの推奨値は低温時の始動性，燃費，および高温時の油膜強度を考慮して決めている。さらに，近年，省燃費性能の観点から 0W-20 のような低粘度オイルも推奨されるようになった。

図 10.12 は，シリンダー壁温およびオイル粘度が走行燃費に及ぼす影響を調べた例である。この図を見ると，走行燃費はシリンダー壁温に対してほぼ比例的に向上している。オイル粘度は壁面温度の影響を受けるが，図 10.11 より 10W-30 のオイルの場合，オイル温度 20℃に対して，80℃の動粘度は 1/10 程度になって

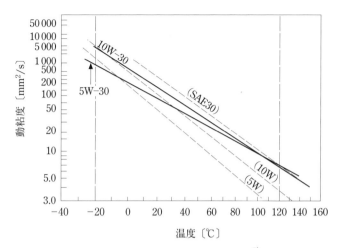

図 10.11 オイル指数と動粘度の関係[7]

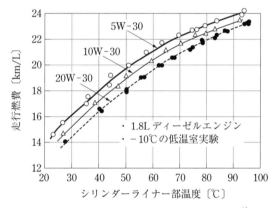

図 10.12 シリンダーブロック壁面温度と燃費[8]

おり，摩擦損失への影響が大きいことが推察できる。オイル粘度の影響について
も調べており，粘度の高い 10W−30 や 20W−30 から冬季用の 5W−30 に変更す
ると平行移動的に燃費が改善されている。その変化は壁面温度の変化に比べると
少ないが，暖機を早めることや低粘度のオイルを使用することは，摩擦損失の低
減に有効であると言える。

(3) オイルの酸化防止

高負荷条件で運転を続けると，オイル温度は130℃付近まで上昇する場合がある。このような条件では，シリンダーライナー，あるいはピストン裏面などに付着するオイルはさらに高い温度にさらされて酸化あるいは炭化する。これを避けるためには，オイルクーラーを利用して110℃程度に温度を下げなければならないが，これだけでは不十分なため，酸化防止剤あるいは清浄分散剤などの中和剤を潤滑油に添加して酸化の進行を抑える必要がある。最近，直接噴射式ガソリンエンジンの低速高負荷で発生するプレイグニッション（LSPI）が問題視されており，その低減のため新たな清浄分散剤の導入が検討されている。

(4) オイルの規格

オイルには二種類の規格があり，1つは先に述べた粘度指数に関するものでSAEが定めている。もう1つはオイルの品質に関する規定で，API（アメリカ石油協会）が定めており，エンジンの種類，使用負荷条件，耐酸化性，耐熱性，耐久性などで細分化されている。ガソリン車用はS表示のオイル，ディーゼル車用はC表示のオイルを用いることが推奨されている。高品質のものほど使用されている添加剤の種類が多く，例えば，SN plus は「ガソリンエンジンのLSPI に対応しており，省燃費特性を有している」となっている。

(5) オイル交換

オイル交換の基準は，現在のところ走行距離で指定されており，乗用車の場合，ガソリン車で1万5千km，ディーゼル車で1万km程度となっている。日本と欧米では走行条件が異なることもあって比較が困難であるが，日本車の交換時期は全体的に短期間である。最近，ヨーロッパを中心に自動車から出る廃油が環境問題となり，オイル交換時期を長期化する傾向にある。一部ガソリン車では3万km，ディーゼル車では5万km走行後の交換でも良いとされており，日本でも検討が必要である。

10.2.3　潤滑方式

自動車用エンジンの基本は強制潤滑であるが，2サイクルエンジンではガソリンに潤滑油を1/20～1/50混入し，気化器から吸入させる混合潤滑方式が使われ

ている。また，産業用の一部のエンジンでは，クランクアームに油かき板を設け，オイルパン内のオイルをかき上げて潤滑する飛まつ潤滑方式が使われている。このような潤滑方法があるが，ここでは強制潤滑について概説する。

(1) 潤滑経路

　現在もっとも多く使用されているシステムは，図10.13（a）に示すように，オイルパン内のオイルをポンプで汲み上げ，圧力を調整したのち，フィルターを通して各部を潤滑する方式である。図10.13（b）は，強制潤滑式の潤滑経路の一例を示している。オイルポンプにはギヤポンプが使われ，発生した圧力はリリーフ弁で0.3〜0.4 MPaに調整される。このオイルは，フィルター通過後メインギャラリーからクランク系に流入し，クランクジャーナルやコンロッド大端部を潤滑するとともに，一部はシリンダーヘッドを通ってバルブ駆動系を潤滑している。なお，近年の省燃費に対応して，油圧をエンジンの負荷や回転速度に応じて制御しているエンジンもある。

(2) 主要部の潤滑

　自動車用エンジンの潤滑で面圧や温度の高い箇所は以下のとおりで，オイルの供給方法や軸受の選択，特殊な表面加工などが施されている。

①ピストンおよびピストンリング

　図10.14は，ピストンに組み込まれたピストンリングの状態を示している。通常3本のリングがあり，トップリングは主としてガスシール，セカンドリングは

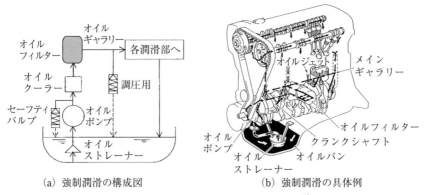

（a）強制潤滑の構成図　　　　　　（b）強制潤滑の具体例

図10.13 ポンプ汲み上げ式強制潤滑の例[9]

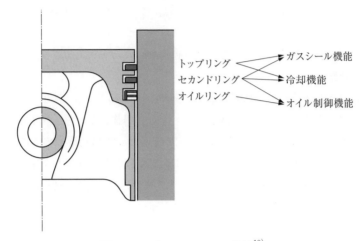

トップリング ────→ ガスシール機能
セカンドリング ────→ 冷却機能
オイルリング ────→ オイル制御機能

図 10.14　ピストンリングの役割 [10]

主として冷却を担っている。三段目のオイルリングは主としてシリンダー壁面の油膜厚さを制御している。リングの形状，張力，材質などが適切でないと，シール性や冷却性能，オイル消費や耐久性にも影響を及ぼすことになる。なお，ピストンは高温となり，その熱の多くはリングを経由して放熱するが，高速・高過給エンジンではオイルのメインギャラリーにノズルを付け，ピストン裏面にオイルを吹きかけて冷却を行っている例がある。

　エンジンによってはコンロッド側面にオイルジェット孔を設け，ジェット流でピストンの冷却と潤滑を行っている（図 10.15 参照）。

②コンロッドとクランク軸

　コンロッド大端部はクランクピンに組み付けられるが，図 10.15 に示すように，メインギャラリーからクランクジャーナルを経由してオイルが供給されている。コンロッド大端部は二分割されているエンジンが多く，高精度のボルトで結合されるが，大きな慣性力がかかるため，形状，材質，表面仕上げに細心の注意を払う必要がある。

　コンロッド小端部はピストンピンでピストンと結合されている。ピンボス（ピストンピンの軸受部）を含め，この部分は爆発圧力を受けるため面圧が高くなる。潤滑油はミスト状で供給されているが，ピストンピンは材料の選択と表面仕上げ

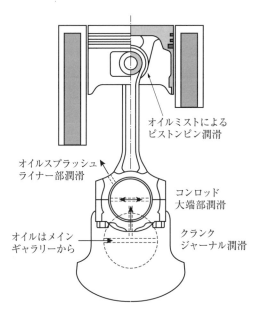

オイルミストによる
ピストンピン潤滑

オイルスプラッシュ
ライナー部潤滑

コンロッド
大端部潤滑

オイルはメイン
ギャラリーから

クランク
ジャーナル潤滑

図10.15 コンロッド・クランク系の潤滑経路

で潤滑性能を高めている。

　クランク軸は爆発力と慣性力を受けながら，ピストンの往復運動を回転運動に換えて出力を動力伝達システムに伝える部分である。メインギャラリーからのオイルでクランクジャーナルを潤滑するが，通常，気筒数＋1の軸受を設けて，応力の分散を図っている。なお，コンロッド大端部およびクランクジャーナルに使う軸受は，銅合金やアルミ合金など柔らかな金属を何層かにして形成された平軸受が多い。

③カムとバルブリフター

　バルブの駆動方式は色々あるが，図10.16は代表的なカムが直接バルブリフターを押す場合を示している。この場合，カムとタペットは線接触であり，カムの形状やバルブスプリングの荷重で大きな応力が生じ，固体潤滑に近い境界潤滑になる。そのため，図10.13（b）に見られるように，ヘッドまわりにはオイルを循環させており，また，カムやタペットも鏡面仕上げすることによって応力の分散を図っている。

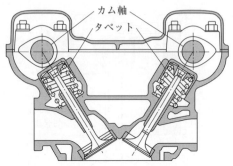

図 10.16　代表的なバルブ駆動系 [11]

④過給機ベアリング

　ターボ過給機は 900℃ 近い排気温度のもとで，タービンが 10〜20 万 rpm とい
う高速で回転している。したがって軸受も高温になりやすい部分で，軸受部にオ
イルを供給して冷却と潤滑を行っている。最近のターボ付きエンジンの中には水
冷式もあり，耐熱性の高いボールベアリングが開発され，アイドリングストップ
や高速運転後にエンジンを停止しても支障がないようになっている。

●参考文献
1) 自動車用ガソリンエンジン編集委員会；自動車用ガソリンエンジン，山海堂(1988)
2) H. Hiroyasu；Diesel Engine Combustion and Its Modeling, Proceedings of
　COMODIA-85(1985)
3) 鈴木，自動車用ピストン編集委員会；自動車用ピストン，山海堂(1997)
4) フジオーゼックス；中空バルブ，http://www.oozx.co.jp/engine/engine_s
5) デンソー；プラグの基礎知識，プラグの熱価，https://www.denso.com/jp/ja/
　products-and-services/automotive-service-parts-and-accessories/plug/basic/
6) 古濱；内燃機関工学，産業図書(1970)
7) U. Adler, et al.；Automotive Handbook(2nd Ed.), Bosch(1986)
8) 常本ほか；乗用車用ディーゼル機関の低温条件下における摩擦損失と走行燃費，自
　動車技術会論文集，No.36(1987)
9) 宮下，黒木；自動車用ディーゼルエンジン，山海堂(1994)
10) 自動車用ガソリンエンジン編集委員会；自動車用ガソリンエンジン，山海堂(1988)
11) 古濱，内燃機関編集委員会；内燃機関，東京電機大学出版局(2011)

第11章

往復式エンジンの機械力学

11.1 バルブ機構の基礎

エンジンの動弁系は高速・高出力化とともに進化してきたが，最近では熱効率改善のための可変バルブシステムが普及し始めている。これらの具体例については第5章や第9章で触れているので，ここでは動弁系の基本的な事項について概説することにする。

11.1.1 バルブ駆動方式

4サイクルエンジンの場合，吸排気バルブはエンジン回転速度の1/2で回転しているカムシャフトのリフト曲線に従って上下するが，その方式は次のようなものがある。

(1) サイドバルブ（SV：side valve）

サイドバルブ方式は，図11.1（a）に示すように吸排気バルブがシリンダーの側面に取り付けられ，カムによって直接駆動する形式である。この方式は1900年代初期まで使われていたが，燃焼室が細長くスパークノックが発生しやすいため，その後使われなくなった。

(2) オーバーヘッドバルブ（OHV：over head valve）

燃焼室形状をコンパクトにするため，図11.1（b）のようにシリンダーヘッドにバルブを配置した形式で，オーバーヘッドバルブと呼ばれている。この形式でのバルブの駆動は，カム→タペット→プッシュロッド→ロッカーアーム→バルブの順になっており，運動部慣性質量が大きく，また剛性も低いことから高速化に

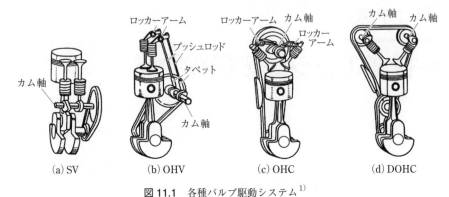

図 11.1　各種バルブ駆動システム[1]

(a) SV　　(b) OHV　　(c) OHC　　(d) DOHC

は不向きである。

(3) オーバーヘッドカムシャフト（OHC：over head camshaft）

　バルブ駆動系の慣性力を減少させるには，プッシュロッドやタペット等を使用しないほうが良いことから，カムをヘッド側に配置する，いわゆるオーバーヘッドカムシャフトが開発された。この方式には，吸排気弁を 1 本のカムで駆動するものと 2 本使用する場合があり，前者は SOHC（single OHC，図 11.1 (c)），後者は DOHC（double OHC，図 11.1 (d)）と呼んでいる。最近のエンジンでは体積効率向上や空気流動制御のためにガソリンエンジン，ディーゼルエンジンともに DOHC が主流になっている。

11.1.2　カムとバルブの力学

　バルブはカムの形状に従ってリフト量が決まるが，高速で作動させた場合にバルブまわりの慣性力によって，図 11.2 に示すようにカム形状に追従しない現象が起こる。1 つは設計リフトより大きなリフトとなる「ジャンプ」であり，もう 1 つは着座後に再度バルブが開く「バウンス」という現象である。これを抑えるためにはバルブの軽量化などによる慣性力の軽減，カム形状あるいはバルブスプリングの設定を変更する方法がある。特に効果的なのは DOHC と多弁化で，体積効率や空気流動の改善の点でも重要である。これによって，バルブ駆動系の剛性強化や慣性力低減が可能となるため，エンジンの高速化には欠かせない形式となっ

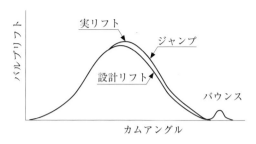

図 11.2 バルブのジャンプとバウンスイング

ている。

（1）カム形状

　大衆車向けエンジンに用いられるカム形状は，接線カムや定加速度カム[2] といった単純な関数を利用する場合があるが，スポーツカー用のような高速エンジンでは複雑な関数を利用して設計されることが多い。例えば正弦曲線を組み合わせたマルチサインカム，多項式を利用したポリノミナルカムなどがあり，ジャンプやバウンス，あるいはバルブのリフト初期に発生する打音の防止などに配慮した設計となっている。図 11.3 は，バルブリフトとその際の速度および加速度曲

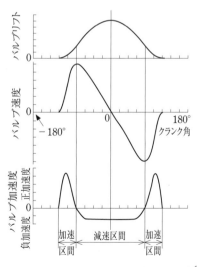

図 11.3 バルブリフト，速度，加速度曲線[3]

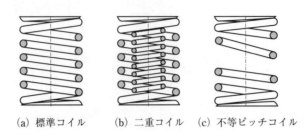

(a) 標準コイル　　(b) 二重コイル　　(c) 不等ピッチコイル

図 11.4　種々のバルブスプリング

線の一例である。リフト開始時の加速度が大きいと打音が発生しやすく，速度の
符号変換点付近での加速度が大きいとジャンプが起きる可能性がある。

(2) バルブスプリング

　バルブスプリングの役割は，シリンダー内が負圧になっても閉弁状態を保つこ
とと，バルブに作用する慣性力によってバルブがカム形状と異なる動きをするの
を防ぐことにある。

　高速回転時のバルブジャンプは，バルブリフトのピーク付近での負の加速度に
よって，バルブがカムから離れる方向に慣性力が働くことによって起こる。この
ため，動弁系の慣性質量を軽減するとともに，慣性力に打ち勝つスプリング力が
必要となる。ただし，スプリング荷重が大きすぎるとカム頂点付近の摩耗の原因
になるため，これらを考慮しながら決定しなければならない。

　また，スプリングの固有振動数が低い場合には，使用エンジン回転範囲でサー
ジングと呼ばれる共振現象が起こり，自励振動でスプリングが切断する場合があ
る。これを防ぐためスプリングの巻数，ピッチ，線径等が種々考慮して設計され
ている。図 11.4 は多く使われているスプリングの例であり，標準のコイルスプ
リングに対して二重コイルあるいは不等ピッチコイルによって固有振動数を高め
ている。

11.2　ピストン・クランク機構の基礎

　往復式エンジンのピストンやクランク軸には，燃焼圧力，ピストンの往復運動
やクランク軸の回転運動にともなう慣性力が作用する。これらは回転速度やエン

ジン負荷によって変動し，振動や騒音の発生原因にもなる。ここでは，ピストンやコネクティングコンロッド（以下コンロッド）に関する作動力学の基礎について概説する。

11.2.1 ピストンの運動力学

図11.5は，ピストン・クランク機構を模式的に示したものである。ピストンは往復運動で，クランク軸は回転運動であるが，コンロッドは往復と回転の両運動を行う。

図において，クランク半径 $r=1/2$ ストローク，コンロッドの長さ L，連かん比 $\lambda=L/r$（一般的には3〜4）とすると，クランク角度 θ，コンロッドの傾斜角 ϕ のとき，ピストンの変位 x は，

$$x=r+L-(r\cos\theta+L\cos\phi) \tag{11.1}$$

となる。なお，$\cos\phi=\sqrt{1-(\sin^2\theta/\lambda^2)}$ であるから，これを二項定理で展開し，第二項まで近似して整理すると，

$$x=r\left\{(1-\cos\theta)+\frac{(1-\cos 2\theta)}{4\lambda}\right\} \tag{11.2}$$

となる。また，ピストンの速度 v，および加速度 α は，変位 x について，それぞれ一次および二次微分を行うことによって求めることができ，

$$v=\frac{dx}{dt}=\frac{dx}{d\theta}\cdot\frac{d\theta}{dt}=\frac{dx}{d\theta}\cdot\omega$$

$$=r\omega\left(\sin\theta+\frac{\sin 2\theta}{2\lambda}\right) \tag{11.3}$$

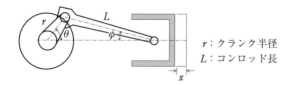

r：クランク半径
L：コンロッド長

図11.5　ピストン・クランク系の模式図

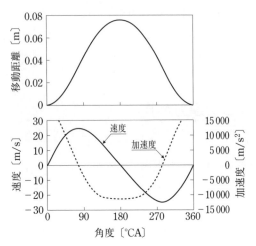

図 11.6 ピストンの変位, 速度, 加速度
（回転速度：6 000 rpm, ストローク：78 mm）

$$\alpha = \frac{dv}{dt} = \frac{dv}{d\theta} \cdot \frac{d\theta}{dt} = \frac{dv}{d\theta} \cdot \omega^2$$

$$= r\omega^2 \left(\cos\theta + \frac{\cos 2\theta}{\lambda} \right) \tag{11.4}$$

となる。なお, ω は角速度で $\omega = 2\pi n/60$〔rad/s〕である。

　図 11.6 はピストン速度と加速度の計算例である。速度はクランク角 θ により変化し, 連かん比 λ の影響でクランク角 80°前後が最大となるが, 加速度は上死点で最大値を取る。

　エンジンの速度を示す指標は回転速度が一般的であるが, 平均ピストン速度 V_m も用いられる。ストローク S〔m〕のエンジンが回転速度 n〔rpm〕で運転されるとき, ピストンは 1 回転で $2S$ 移動するから, 平均ピストン速度は,

$$V_m = S \cdot \frac{n}{30} \ \text{〔m/s〕} \tag{11.5}$$

となる。エンジンの高速化により平均ピストン速度は乗用車用ガソリンエンジンでは 20 m/s を超すものがある。ディーゼルエンジンは燃焼が遅いことに加えて, 慣性質量が大きいためガソリンエンジンほどピストン速度を速くできず 10 m/s 程度になっている。ピストン速度が上がるとコンロッドにかかる慣性力が増加し,

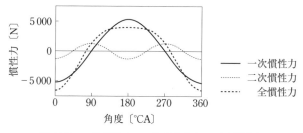

図11.7 一次慣性力，二次慣性力および全慣性力

設定回転速度以上の運転が続くとコンロッドが破断する場合がある。また，ピストンの潤滑が不十分となって，シリンダーとピストンが溶着することもあるため，最高ピストン速度は制約を受ける。

11.2.2 ピストンまわりの慣性力

ピストンまわりの質量 m_1（ピストンピンを含むピストン質量 m_p およびコンロッド小端部質量 m_{c1} の合計）による慣性力 F_r は，式（11.4）で示した加速度より次式で表される。なお，ピストン移動初期の慣性力は物体を止める方向に働くためマイナス符号としている。

$$F_r = -m_1 r \omega^2 \left(\cos\theta + \frac{\cos 2\theta}{\lambda} \right) \text{〔N〕} \tag{11.6}$$

慣性力 F_r の向きおよび大きさは，クランク角度 θ によって変化し図11.7のようになる。なお一次慣性力とは，式（11.6）の右辺第一項 $\cos\theta$ によるもので，二次慣性力とは第二項 $\cos 2\theta$ にともなう力であり，慣性力 F_r はこの両者の和として求められる。図に示すように，二次慣性力は一次慣性力の2倍の周期で変動するが，その絶対値は一次慣性力の 1/3〜1/4 程度である。

11.3 慣性力のバランス

往復式エンジンにおいては，往復質量および回転質量の慣性力により不釣り合い力およびモーメントが周期的に発生し，振動や騒音などの原因となる。また，

エンジン各部の固有振動数と不釣り合い力，あるいはモーメントの周期が同調する場合には共振を誘発し，大きな事故の原因となる。したがって，不釣り合い力およびモーメントを極力小さくするような対策がとられており，そのことを釣り合いあるいはバランス（平衡）を取ると呼んでいる。

11.3.1　単気筒エンジンのバランス

(1) 回転質量のバランス

　クランクピンとそれに結合されたコンロッド大端部は，クランクの回転にともない慣性力が発生する。この場合の回転質量であるコンロッド大端部の質量 m_{c2} は通常コンロッド質量の2/3程度を取っている。また，クランクピンまわりの質量は図 11.8 (a) のように算定している。図において，m_a はクランクアームのハッチングを施した部分の質量で，G_a はこの部分の重心位置を示しており，r_a は重心半径である。したがって，質量 m_a をクランクピン半径 r の位置に換算した等価質量は，$m_a(r_a/r)$ となる。また，クランクピンの質量を m_{cp} とすると，全回転質量 m_2 は，

$$m_2 = m_{c2} + m_{cp} + 2m_a \frac{r_a}{r} \tag{11.7}$$

となり，遠心力 F_{cp} は，

$$F_{cp} = m_2 r \omega^2 \tag{11.8}$$

として算定できる。

　回転質量 m_2 がわかれば，静的バランスを取るための重りの質量 m_b は，次の

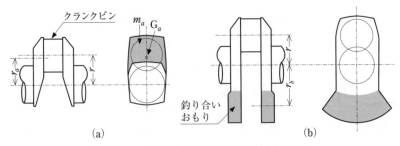

図 11.8　クランク軸の回転質量と釣り合いおもり

式から求めることができる。すなわち，図11.8(b)において，釣り合いおもりの重心半径を r_b とすると，

$$m_b = m_2 \frac{r}{r_b} \tag{11.9}$$

となり，この質量 m_b の半分を両方のクランクアームに付加すれば回転バランスが取れることになる。

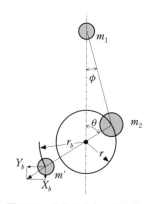

図11.9 往復慣性力の釣り合い

(2) 往復質量のバランス

ピストンまわりの往復質量による慣性力 F_r は，式（11.6）に示すように一次慣性力とその2倍の周期で発生する二次慣性力の和となる。この慣性力 F_r は，往復運動を行う別の質量で釣り合わせない限り，完全な釣り合いは困難である。ただし，回転質量の釣り合いに必要な質量 m_b に，過分質量 m' を付加することによって，慣性力を軽減することができる。

式（11.6）を変形すると，

$$F_r = -m_1 r \omega^2 \left(\cos\theta + \frac{\cos 2\theta}{\lambda} \right)$$

$$= (-m_1 r \omega^2 \cos\theta) + \left(-m_1 r \omega^2 \frac{\cos 2\theta}{\lambda} \right) \tag{11.10}$$

となる。この式の右辺第一項が一次慣性力，第二項が二次慣性力である。

ここで，まず一次慣性力の釣り合いについて考える。図11.9において，$m' = m_1 r / r_b$ となる質量を，重心位置である r_b に過分釣り合いおもりとして付加したとすると，これによる慣性力の OX および OY 方向の分力 X_b，Y_b は，

$$X_b = m' r_b \omega^2 \cos\theta = m_1 r \omega^2 \cos\theta \tag{11.11}$$

$$Y_b = m' r_b \omega^2 \sin\theta = m_1 r \omega^2 \sin\theta \tag{11.12}$$

となる。X_b を式（11.10）の右辺第一項に加えると，残存する不平衡力の X は，

$$X = m_1 r \omega^2 \frac{\cos 2\theta}{\lambda} \tag{11.13}$$

となり，第一項はバランスが取れて消滅し，第二項は残るがその慣性力は小さい。

ただし，新たに次式のY方向の分力が残る。

$$Y = m_1 r \omega^2 \sin \theta \tag{11.14}$$

　実際には過分付加質量の大きさは m' より軽くするため，往復慣性力の一部は残るが，X方向の大きさを減ずることができる。このようなバランス形態を部分釣り合いと呼んでいる。

　自動車での振動を考えた場合，水平方向の振動は垂直方向の振動より人体に影響を与えることが少ないので，過分負荷質量によって一次慣性力の大部分を減少させている場合が多い。

　なお，一次慣性力が平衡したとしても二次慣性力は残る。これを平衡させるために，エンジン回転速度の2倍で回転するバランスシャフトを備えたエンジンも多くなっている（図11.12参照）。

11.3.2　多気筒エンジンのバランス

(1) 回転質量のバランス

　多気筒エンジンの場合，各気筒の回転質量を一平面に移動して，そのバランスを調べるが，これを静的バランスと呼んでいる。図11.10は一般的なクランク配置の4気筒エンジンの場合を示している。この場合，全質量の重心はO点にあり，回転体の静的バランスは取れている。一般論としては，次式のように，各質量のモーメントの和がゼロのときに静的バランスが取れていることになる。

$$\sum m_i r_i = 0 \tag{11.15}$$

　一方，軸方向のモーメントの釣り合いを検討する必要があり，これを動的バランスと呼んでいる。4気筒エンジンでは，図11.10で長手方向についてA点まわりのモーメントを考えると，$r\omega^2$ は全気筒同じなので，$m_1 l_1 - m_2 l_2 + m_3 l_3 - m_4 l_4 = 0$ となり，気筒間で打ち消し合うため，回転質量による長手方向のモーメントのバランスも取れている。しかし，図11.11のようなクランク配置の2気筒エンジンでは，4気筒エンジンと同様に回転質量の静的バランスは取れているが，クランクの回転にともない，図11.11 (a) のような長手方向に曲げモーメントが残る。このような場合，図11.11 (b) のような位置に釣り合い質量を取り付けてモーメントのバランスを取っている。

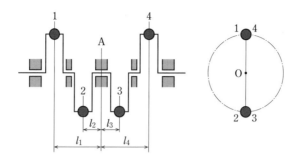

図 11.10　4 気筒エンジンのバランスの模式図

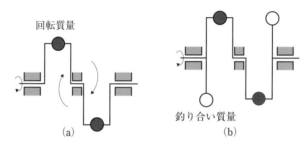

図 11.11　2 気筒エンジンの回転質量バランス

　この場合も一般論としては，次式が成り立つときに動的バランスが取れている
と判断している。

$$\sum m_i r_i \omega^2 l_i = 0 \tag{11.16}$$

(2) 往復質量のバランス

　図 11.10 と同様のクランク配置の 4 サイクル 4 気筒エンジンでは，一次慣性力
の大きさは各気筒同じで，回転質量と同様に 1，4 番気筒と 2，3 番気筒が逆向き
に作用することからバランスが取れている。また，軸方向のモーメントは式
(11.16) と同様の考えで取り扱うことができ，このクランク系ではバランスして
いる。一方，二次慣性力については，気筒間が 180° 間隔であることから，$\cos 2\theta$
成分はすべての気筒で同一方向となり，以下の不平衡力が残る。

$$X = 4m_1 r \omega^2 \frac{\cos 2\theta}{\lambda} \tag{11.17}$$

　この不釣り合い量をバランスさせるためには，エンジン回転の 2 倍のスピード

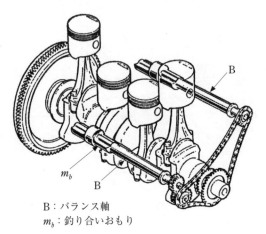

B：バランス軸
m_b：釣り合いおもり

図 11.12 ４気筒エンジンの二次バランサーの例[4]

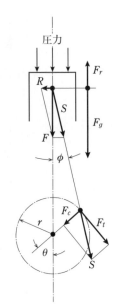

図 11.13 コンロッドに働く力
およびトルクの発生

で回転する $m_1 r/\lambda$ の質量をもった２本のバランスシャフトを逆方法に回転させればよい。図 11.12 はバランスシャフトを装着したエンジンの一例である。

エンジンの気筒配置は単気筒，多気筒，Ｖ型，星形とさまざまであるが，このような静的バランス，動的バランスを検討したうえで商品化されている。

11.4 トルク変動とフライホイール

エンジンの出力は，爆発圧力にともなう力 F_g がピストンに作用し，その力がコンロッドピン部に達して発生するが，当然往復慣性力 F_r も加算されるため，その挙動は複雑である。

11.4.1 トルク変動

図 11.13 はトルクの発生を説明した図である。図において，F_g と F_r の合力を

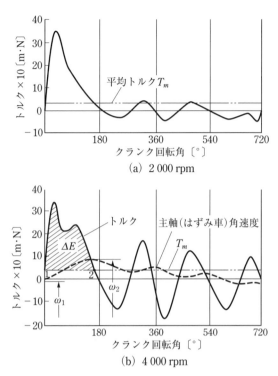

図 11.14　往復動エンジンのトルク変動の模式図
(0.5 L ガソリンエンジン，$D \times S$　87.2×83 mm)[5]

F としたとき，F はコンロッドへの分力 S とシリンダー壁に垂直な力 R に分解できる。S はクランクピンに伝達され，ここでクランク軸中心方向の力 F_c と，これに垂直な力 F_t の 2 つの力に分解でき，このうち $F_t r$ が有効な回転トルク T となる。これらの関係は次式で示される。

$$S = \frac{F}{\cos\phi} \quad , \quad F_t = S\sin(\theta+\phi) \tag{11.18}$$

$$T = F_t r = Fr\left\{\frac{\sin(\theta+\phi)}{\cos\phi}\right\} \tag{11.19}$$

図 11.14 は，式 (11.19) を用い，単気筒エンジンのトルク変動を二種類の回転速度で求めた例である。回転速度が低い場合には爆発圧力に基づくトルク変動になるが，回転速度が速くなると慣性力の影響が強く出てくる。いずれにしても

平均トルクとの差が大きく安定した運転とはならないため，トルク変動の平滑化のためにクランクシャフト後方にフライホイールが設けられている。

11.4.2　フライホイールの役割

　フライホイールは，膨張行程における大きいトルクを回転エネルギーとして蓄積し，その後の圧縮行程等での負の仕事を補う働きをする。その状況を角速度の変動で見たのが図11.14（b）である。慣性モーメント I のフライホイールを有するエンジンの角速度の最大値 ω_{max}（図では ω_2）は高いトルクが発生するときの余剰エネルギー ΔE で生じており，最小値 ω_{min}（図では ω_1）は圧縮行程で発生しやすい。この場合の両角速度の差が少ないときにエンジンの回転変動は少なくなる。このときのエネルギー式は，

$$\Delta E = \frac{I(\omega_{max}{}^2 - \omega_{min}{}^2)}{2} = \frac{I(\omega_{max} + \omega_{min})(\omega_{max} - \omega_{min})}{2}$$

$$\fallingdotseq I\omega^2\delta \; \text{〔J〕} \tag{11.20}$$

と表すことができる。ただし，I：慣性モーメント〔kg·m²〕，$\omega = (\omega_{max} + \omega_{min})/2$, $\delta = (\omega_{max} - \omega_{min})/\omega$ としており，ω は平均角速度，δ は速度変動率と呼ばれている。

　速度変動率はフライホイールを含めたクランク軸まわりの特性を示すものであり，発電機などを駆動するようなエンジンでは δ を $1/175 \sim 1/200$ と小さく取るようにしている。自動車用エンジンでは $1/30 \sim 1/40$ 程度が多い。

11.5　クランク軸系のねじり振動とトーショナルダンパー

11.5.1　危険回転速度

　エンジンのクランク軸は，運転中のトルクによりねじりモーメントを受け弾性変形を起こす。エンジンが発生するトルクは時々刻々と変動するので，それに従ってクランク軸がねじられたり戻されたりし，軸心まわりに振動が起こる。このねじり振動の周期とエンジンの爆発回数が一致すると共振を起こし，クランク軸が疲労破壊を起こす場合がある。このときのエンジン回転速度を危険回転速度

という。

　ねじり振動は，クランク軸に対して過大な応力をかけるのみならず，コンロッドや動弁機構等に対しても応力を誘発する。したがって，安全に最大出力を発揮させるためには，そのエンジンの振動特性を把握して適切な対策を講じなければならない。

11.5.2　トーショナルダンパー

　一般に直列 6 シリンダーのクランク軸は，同一容積の直列 4 シリンダーのクランク軸よりもねじり振動を起こしやすい。これは，クランク軸のねじり剛性が，長さの増加に比例して弱くなるためである。

　使用回転速度の範囲が広いエンジンの場合は，その中にいくつかの危険回転速度が入ることになるので，一般には固有振動数を高める工夫をするのが望ましいが，トーショナルダンパーを使用する場合もある。ダンパーには，振動エネルギーを熱エネルギーに変える粘性ダンパーと，軸系にさらに別の振動系を付加して，その共振による反力，または反モーメントによって強制力または強制モーメ

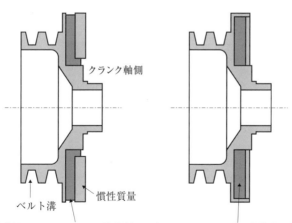

ゴム：慣性質量およびプーリーと接着剤で結合　　シリコーン油：高粘度で慣性質量も兼ねる

(a)　ゴムダンパー　　　　　　　　(b)　シリコーン油ダンパー

図 11.15　ねじり振動防止用トーショナルダンパー[6]

ントを消去するダイナミックダンパーがある。図 11.15 は，粘性ダンパーの例として，クランクプーリーと一体化したゴムダンパーおよびシリコーン油ダンパーを示している。ダンパーは主に 6 気筒エンジンで使われていたが，最近では 4 気筒エンジンでも多く利用され，エンジンに起因する振動や騒音の改善に寄与している。

●**参考文献**
1) 五味；内燃機関，朝倉書店(1985)
2) 神蔵；高速ガソリンエンジン，丸善(1960)
3) 宮下，黒木；自動車用ディーゼルエンジン，山海堂(1994)
4) 古濱；内燃機関，森北出版(1978)
5) 古濱，内燃機関編集委員会；内燃機関，東京電機大学出版局(2011)
6) 日本機械学会；機械工学便覧，基礎編 A3，力学・機械力学，日本機械学会(1986)

索　引

【著者紹介】

村山　正（むらやま・ただし）　工学博士

　　1931 年生まれ。北海道大学工学部機械工学科大学院修了（1955 年），プリンス自動車工業（現 日産自動車）入社（1956 年），北海道大学工学部助教授（1962 年），同大教授（1971 年），北海道自動車短期大学教授（1995 年），同大学長（2002 年），2009 年逝去。

常本秀幸（つねもと・ひでゆき）　工学博士

　　1941 年生まれ。北海道大学工学部機械工学科卒業（1964 年），いすゞ自動車入社（1964 年），北見工業大学助教授（1974 年），同大教授（1983 年），同大学長（2002 年），信州大学監事（2008 年）。

小川英之（おがわ・ひでゆき）　工学博士

　　1958 年生まれ。北海道大学大学院博士課程修了（1986 年），北海道大学工学部講師（1986 年），同大教授（2004 年）。

エンジン工学　　内燃機関の基礎と応用

2020 年 8 月 10 日　第 1 版 1 刷発行	ISBN 978-4-501-42040-6 C3053
2022 年 5 月 20 日　第 1 版 2 刷発行	

著　者　村山　正・常本秀幸・小川英之
　　　　©Tsunemoto Hideyuki, Ogawa Hideyuki 2020

発行所　学校法人 東京電機大学　〒120-8551　東京都足立区千住旭町 5 番
　　　　東京電機大学出版局　　Tel. 03-5284-5386（営業）03-5284-5385（編集）
　　　　　　　　　　　　　　　Fax. 03-5284-5387 振替口座 00160-5-71715
　　　　　　　　　　　　　　　https://www.tdupress.jp/

印刷：三美印刷（株）　　製本：誠製本（株）　　装丁：鎌田正志
落丁・乱丁本はお取り替えいたします。　　　　　　　　　Printed in Japan